Voigt
Sachkunde Schädlingsbekämpfung
in der Landwirtschaft

Thomas F. Voigt

Sachkunde Schädlingsbekämpfung in der Landwirtschaft

46 Schwarzweissfotos und -zeichnungen
34 Tabellen

Inhaltsverzeichnis

Vorwort

Die Bekämpfung von Schädlingen ist ein Kampf, den der Mensch schon lange führt, denn Schädlinge bedrohen die menschliche Gesundheit, aber auch die der Nutz- und Haustiere. Darüber hinaus vernichten Schädlinge ohne Gegenmaßnahmen unsere Nahrung sowie die unserer Nutztiere. Da gerade der landwirtschaftliche Bereich am Anfang der Nahrungskette für Mensch und Nutztier liegt, kann und darf das Thema Schädlingsbekämpfung nicht ignoriert oder vernachlässigt werden. Mehr noch als die Bekämpfung selbst gewinnt in der heutigen Zeit die Schädlingsprophylaxe an Bedeutung, denn mit modernen Mitteln und Verfahren ist es heute möglich, Schädlingen im Vorfeld zu begegnen. Daher wurden in diesem Buch auch das Gefährdungspotenzial von Schädlingen sowie die Prophylaxe in den Vordergrund gestellt. Hinzu kommt, dass der Klimawandel neue Schadorganismen und neue Gefährdungspotenziale mit sich bringt und so das Thema noch mehr an Brisanz gewinnt. In der Landwirtschaft sollte man das Thema nicht als zusätzliche Belastung bewerten, denn letztlich ist die Schädlingsprophylaxe und -bekämpfung ein Beitrag dazu, gesunde sowie intakte Lebens- und Futtermittel herzustellen. Das Anliegen des Autors ist es, dem Leser aufzuzeigen, welche immense Bedeutung dieses Thema im Agrarbereich hat und wie vielfältig die Möglichkeiten sind, die gesetzlichen Vorgaben beim Thema Schädlinge, Prophylaxe und Bekämpfung umzusetzen.

Laudenbach, im Sommer 2008 Thomas F. Voigt

1 Schädlinge in der Landwirtschaft

1.1 Was macht landwirtschaftliche Betriebe für Schädlinge so attraktiv?

Schädlinge wie Schaben, Fliegen, Mäuse oder Ratten haben das menschliche Umfeld nicht erst in jüngster Vergangenheit für sich entdeckt. Schon zu grauer Vorzeit, als der Mensch begonnen hatte, Pflanzen anzubauen, Vorräte anzulegen und Tiere zu halten, waren verschiedene Schadorganismen dabei, was sich bis heute nicht verändert hat. Wesentlich verändert haben sich im Gegensatz zu früher die Lebensbedingungen des Menschen. Davon haben auch die Schädlinge profitiert, sodass Schädlinge heute im menschlichen Umfeld, so auch in der Landwirtschaft, hervorragende Lebens- und Entwicklungsbedingungen vorfinden. Schließlich haben die verbesserten Lebensbedingungen auch dafür Sorge getragen, dass die Entwicklung von Schädlingen im menschlichen Umfeld sogar besser vonstatten geht als unter natürlichen Verhältnissen. Davon wusste auch der römische Dichter Horaz in seiner Fabel „Die Stadtmaus besucht ihre Base die Feldmaus“ zu berichten. Schon zu Zeiten der Römer beschreibt er, dass die Stadtmaus sich an der Speisekammer des Menschen bedienen kann, während die Feldmaus auf Nahrungssuche gehen muss und dabei noch um ihr Leben bangt, da sie von Greifvögeln bedroht wird. So finden Ratten heute im landwirtschaftlichen Bereich hochwertige Nahrung in Form von Futter für die Schweine- oder Kälberzucht, während sich die Artgenossen in der städtischen Kanalisation von Abfällen ernähren müssen. Insekten wie Fliegen beispielsweise werden durch warme Stallungen zu einer ganzjährigen Fortpflanzung befähigt, während die Artgenossen in der Stadt in frostiger Nacht den Kältetod sterben. Wichtigste Faktoren, die das Leben von Schadorganismen ganz wesentlich beeinflussen, sind Nahrung, Temperatur, Feuchtigkeit und bestimmte Lichtverhältnisse. Alle diese Faktoren sind in fast allen landwirtschaftlichen Betrieben in vollem Umfang gegeben, sodass Schädlinge wie Nager, Insekten oder Milben im Agrarbereich immer überleben können und werden. Nun könnte man sagen: Wenn man diese zuvor genannten Faktoren eliminiert, haben Schädlinge keine Chance mehr. Stimmt! Aber in landwirtschaftlichen Betrieben ist es aufgrund produktionstechnischer Bedingungen nur schwer möglich, Faktoren wie Nahrung, Temperatur, Feuchtigkeit oder Lichtverhältnisse schädlingsfeindlich zu gestalten. Selbst wenn man in der Lage ist, den Faktor Nahrung zu beeinflussen, in dem man Futtermittel schädlingssicher aufbewahrt, können sich Schädlinge immer noch am Schweinetrog oder an der Futterschale des Geflügels bedienen. Betriebe, die Pflanzenerzeugnisse herstellen, haben beim Faktor Nahrung noch schlechtere Möglichkeiten, denn irgendwo muss Saatgut und Ernte gelagert werden.

1.1.1 Die Nahrung

Die Nahrung ist natürlich für jedes Lebewesen ein elementarer Faktor und landwirtschaftliche Betriebe bieten Schädlingen ein reichhaltiges Nahrungsangebot in ausreichender Menge und hoher Qualität. Obwohl viele Schädlinge ursprünglich in ihren ehemaligen Heimatländern Nahrungsspezialisten waren und sich nur von ganz bestimmten Nährmedien ernähren konnten, haben sie sich in unseren Breitengraden mittlerweile angepasst und gelten nur noch bedingt als Nahrungsspezialisten. Ein gutes Beispiel für diese Entwicklung ist die Dörrobstmotte *(Plodia interpunctella)*, die in der Tat früher auf Trockenfrüchte spezialisiert war. Heute findet man diese Mottenart an allen Getreide- und Kakaoprodukten, Brot- und Backwaren sowie an Nüssen und Saaten. Dennoch hat die Qualität der vorgefundenen Nahrung, wie aus Tabelle 1 ersichtlich, einen bestimmten Einfluss auf den jeweiligen Schädling. Die Tabelle zeigt, wie sich Körpergröße und Körpergewicht beim Kornkäfer in Abhängigkeit vom Nährmedium verändert. Aber nicht nur das äußere Erscheinungsbild eines Insektes wird von der Nahrung beeinflusst sondern auch, wie aus Tabelle 2 ersichtlich, die Zahl der abgelegten Eier und die Entwicklungszeit der Larven. Und selbst die im Prinzip sehr gut angepasste Dörrobstmotte kann sich im Extremfall zwar von dem Staub aus einem Getreidelager ernähren und überleben, die Anzahl der Nachkommen wird sich aber auf 150 gegenüber 300–400 bei guter Ernährung reduzieren. Hinzu kommt, dass bei Nahrung schlechterer Qualität die Überlebensfähigkeit der Individuen eingeschränkt wird, womit die bedingten Nahrungsspezialisten, wie fast alle vorratsschädlichen Käfer und Motten, durch ihr relativ enges Nahrungsspektrum relativ verwundbar sind.

Neben diesen Nahrungsspezialisten gibt es in der Welt der Schädlinge aber auch Allesfresser, wozu Schaben, Fliegen und Ratten zäh-

Tab. 1 Einfluss verschiedener Getreidesorten auf das Wachstum des Kornkäfers (*Sitiophilus granarius*) (Stein 1986)

Aufzuchtmedium	Körpergröße (mm)	Körpergewicht (mg)
Hafer	3,28	2,05
Roggen	3,50	2,79
Weizen	3,54	2,89
Gerste	3,56	3,04

Tab. 5 Die Eientwicklung einiger Schadinsekten in Abhängigkeit von der Temperatur (VOIGT 2006)

Schädlingsart	Temperatur (°C)	Entwicklungszeit
Deutsche Schabe *(Blatella germanica)*	30 25	17 Tage 30 Tage
Orientalische Schabe *(Blatta orientalis)*	30 22	6 Wochen 12 Wochen
Amerikanische Schabe *(Periplaneta americana)*	30 17	5 Wochen 13 Wochen
Silberfischchen *(Lepisma saccharina)*	30 15	25 Tage 90 Tage
Speckkäfer *(Dermestidae)*	25 15	1,5 Monate 5 Monate
Dörrobstmotte *Plodia interpunctella)*	30 20	3 Tage 8 Tage

tes kommt. Sinken die Temperaturen wieder nach unten, kann das Leben fortgesetzt werden. Steigen sie aber weiter nach oben, kommt es zu einer Denaturierung der Eiweißsubstanzen, was den Hitzetod zur Folge hat. Dieses ist bei vielen Insekten zwischen 42 °C und 45 °C der Fall. Ähnlich ist das Verhalten wechselwarmer Tiere bei sinkenden Temperaturen. Geht die Temperatur vom optimalen Wert nach unten, folgt eine verzögerte Lebensaktivität. Sinken die Temperaturen weiter, kommt es zum Entwicklungsstillstand, verbunden mit der Einstellung aller Aktivitäten, was auch als Entwicklungsnullpunkt bezeichnet wird, der von Schädling zu Schädling, wie in Tabelle 7 ge-

Tab. 6 Entwicklungsoptima verschiedener Schadinsekten (STEIN 1986)

Schädlingsart	Temperatur (°C)
Messingkäfer *(Niptus hololeucus)*	21
Kräuterdieb *(Pintus fur)*	23
Kornkäfer *(Sitophilus granarius)*	25
Mehlmotte *(Ephestia kuehniella)*	25
Mehlkäfer *(Tenebrio molitor)*	26
Reismehlkäfer *(Tribolium castaneum)*	30
Tropische Speichermotte *(Ephestia cautella)*	31
Getreidekapuziner *(Rhizopertha dominica)*	34

Tab. 7 Entwicklungsnullpunkte verschiedener Vorratsschädlinge (STEIN 1986)

Schädlingsart	Temperatur (°C)
Mehlmilbe *(Acarus siro)*	2–5
Tropische Speichermotte *(Ephestia cautella)*	14
Mehlmotte *(Ephestia kuehniella)*	8, 10–12 (unterschiedliche Literaturangaben)
Dörrobstmotte *(Plodia interpunctella)*	10, 16–17 (unterschiedliche Literaturangaben)
Erdnussplattkäfer *(Oryzaephilus mercator)*	20
Kornkäfer *(Sitophilus granarius)*	10
Khaprakäfer *(Trogoderma granarium)*	10

zeigt, sehr unterschiedlich sein kann. Ein weiteres Sinken der Temperaturen würde dann zum Kältetod führen. Hinzu kommt, dass sich Schädlinge trotz ihrer Herkunft aus wärmeren Ländern in unseren Breiten bereits an kältere Temperaturen angepasst haben. Außerdem weisen die einzelnen Entwicklungsstadien bei Insekten (Ei, Larve, Puppe, Imago) unterschiedliche Temperaturtoleranzen auf, weshalb das bloße Absinken der Temperaturen auf Minusgrade nicht zwangsläufig mit einem Absterben von Schadinsekten verbunden ist. In Tabelle 8 wird gezeigt, welche unterschiedlichen Toleranzen gegenüber Minustemperaturen verschiedene Vorratsschädlinge und deren Entwicklungsstadien haben können. Somit können verschiedene Schadinsekten in einem Getreidelager auch Wintermonate unter Umständen schadlos überleben. Die milden Winter der letzten Jahre begünstigen diese Entwicklung zusätzlich, denn selbst im Januar 2008 lagen in einem unbeheizten Rohstofflager der Lebensmittelindustrie noch Temperaturwerte in Höhe von 19 °C vor, was noch nicht einmal den Entwicklungsnullpunkten einiger Vorratsschädlinge entspricht. Da die Temperaturen in landwirtschaftlichen Betrieben und insbesondere in Nutztierställen zu allen Jahreszeiten fast immer höher sind als die Außentemperaturen, haben gerade wechselwarme Tiere die Möglichkeit der ganzjährigen Fortpflanzung, was im Freiland nicht möglich ist. Dennoch werden aber in einem landwirtschaftlichen Betrieb nicht in allen Bereichen einheitliche Temperaturen vorliegen, sodass Befallsherde in der Regel immer dort zu finden sind, wo die für den entsprechenden Schädling passenden Temperaturen vorliegen. Wobei zu berücksichtigen ist, dass in Nestern und Refugien der Schadorganismen immer hohe, für die Entwicklung des jeweiligen Schädlings angepasste Temperaturen vorliegen, die Tiere selbst aber zur Nahrungssuche auch kältere Areale aufsuchen können. So wurden Nester von Hausmäusen schon in der Isolierschicht von Kühlhäusern gefunden oder in einem Käselaib, der in einem

Tab. 8 Toleranz von Minustemperaturen verschiedener Vorratsschädlinge und ihrer Entwicklungsstadien (STEIN 1986)

Schädlingsart und Stadium	Temperatur (°C)	Überlebensdauer
Speichermotte (Ei)	− 4	4 Tage
Speichermotte (Larve)	− 4	14 Tage
Speichermotte (Ei)	− 2	40 Tage
Mehlmotte (Ei)	− 4,7	10 Tage
Mehlmotte (Larve)	−10	5 Tage
Mehlmotte (Puppe)	− 7	12 Tage
Kornkäfer (Ei, Imago)	−15	19 Stunden
Kornkäfer (Larve)	−15	11 Stunden
Kornkäfer (Puppe)	−15	13–16 Stunden
Reiskäfer Ei, Imago)	−15	3,7 Stunden
Reiskäfer (Larve)	−15	7,7 Stunden
Reiskäfer (Puppe)	−15	2 Stunden
Khaprakäfer (Larve)	− 2	180 Tage
Khaprakäfer (Larve)	− 5,5	90 Tage
Khaprakäfer (Larve)	−10	30 Tage

Kühlhaus lagerte. Als Nahrung fraßen die Mäuse aber im Kühlhaus gelagerte Ware. Bei Ratten und Mäuse spielen die Temperaturen eine so maßgebliche Rolle wie bei den Insekten. Dennoch dürfen Schadnager in diesem Zusammenhang nicht völlig vernachlässigt werden, da das Fortpflanzungsverhalten sowie die Anzahl der Nachkommen ebenso vom Faktor Temperatur beeinflusst wird. In punkto Temperatur bieten landwirtschaftliche Betriebe also vielen Schädlingen geradezu ideale Bedingungen, sodass deren Entwicklung und Vermehrung regelrecht begünstigt wird.

1.1.3 Die Feuchtigkeit

Die Feuchtigkeit hat bei Schädlingen nicht den Stellenwert wie die Faktoren Nahrung und Temperatur, dennoch sollte in diesem Zusammenhang zumindest die Hintergründe bekannt sein, die Schädlinge in ihrer Entwicklung begünstigen. Zum Faktor Feuchtigkeit zählt das Wasser als Nahrungsquelle, die Luftfeuchtigkeit sowie die Substratfeuchtigkeit von Lebens- und Futtermitteln.

Wasser als Nahrungsquelle kann auch für Schadorganismen lebenswichtig sein. Eine Ausnahme machen hier Mäuse: Solange die vorgefundene Nahrung einen Feuchtigkeitsgehalt von ca. 14 % enthält, besteht kein zusätzlicher Wasserbedarf, sodass eine Wasseraufnahme bei Mäusen eher die Ausnahme ist. Ratten sind in dieser Hinsicht völlig anders. Erstens leben sie bevorzugt in der Nähe von Gewässern und zweitens benötigen sie Wasser als Nahrungsquelle. Wenn sich landwirtschaftliche Betriebe also in der Nähe von Gewässern wie Bächen oder Seen befinden, kann sich das auf den Zulauf von Ratten positiv auswirken. In landwirtschaftlich geprägten Regionen sind auch heute noch vielfach Dorfteiche zu finden, die zwar in erster Linie als Löschwasserreservoir dienen aber auch Ratten als Nahrungsquelle. Doch selbst ohne Gewässer in unmittelbarer Nachbarschaft finden Ratten insbesondere in der Nutztierhaltung ausreichend Wasserquellen, denn schließlich muss das Vieh getränkt werden, wovon auch Ratten profitieren. Bei den Insekten sind die meisten Arten an Wassermangel gewöhnt, eine Aufnahme von Wasser kann sie in ihrer Entwicklung aber begünstigen. So nehmen bei den Motten die Falter keine Nahrung mehr zu sich, hat aber eine Dörrobstmotte die Gelegenheit, Kondenswasser zum Beispiel an einer Fensterscheibe aufzunehmen, begünstigt dies die Zahl ihrer Nachkommen. Unter normalen Umständen legt ein Mottenweibchen bis zu 400 Eier ab, nach einer Wasseraufnahme erhöht sich die Zahl der abgelegten Eier auf etwa 600 Stück.

Die **Luftfeuchtigkeit** ist ein elementarer Faktor für dünnhäutige Schadorganismen. Silberfischchen verenden zum Beispiel bei 30 % relativer Luftfeuchtigkeit und haben ein Optimum bei 75 %. Milben können sich bei Werten um 60 % relativer Luftfeuchte nicht mehr entwickeln, während es für die Getreideschimmelkäfer erst bei 20 % bedrohlich wird. Abgesehen davon, dass bei Motten die Luftfeuchtigkeit auch die Fruchtbarkeit beeinflussen kann, wird die Entwicklungsgeschwindigkeit bei diesen Insekten neben Nahrung und Temperatur auch über die Luftfeuchte beeinflusst. Die Larve der Mehlmotte entwickelt sich bei 75 % konstanter relativer Luftfeuchte innerhalb von 60 Tagen zum Falter, während sie bei 0 % 160 Tage benötigt (Stein 1986). Tabelle 9 zeigt, welchen Einfluss die relative Luftfeuchtigkeit bei der Anzahl der abgelegten Eier von Kornkäfern hat. Ein wahres Phänomen im Zusammenhang mit der Luftfeuchtigkeit ist die Taubenzecke, deren Außenhaut so fest ist, dass fast kein Wasser aus dem Körper entweichen kann. Selbst bei hohen Temperaturen und sehr niedriger Luftfeuchtigkeit kommt es so zu keinem Feuchtigkeitsverlust und selbst wenn die eigenen Wasserreserven im Körper aufgebraucht sind, kann diese Zeckenart durch den Einsatz von Energie Feuchtigkeit aus der Umgebungsluft aufnehmen, was ein Überleben auch unter widrigen Umständen garantiert.

Problematisch wird die Ernährung von Insekten und Milben mit schwach ausgebildeten Mundwerkzeugen immer dann, wenn die

Tab. 9 Der Einfluss der relativen Luftfeuchtigkeit auf die Anzahl der abgelegten Eier beim Kornkäfer (STEIN 1986)

Höhe der relativen Luftfeuchte (%)	Ungefähre Anzahl der gelegten Eier (Stück)
100	700
95	650
85	650
75	350
50	<100
<40	keine Eiablage

Substratfeuchte der vorgefundenen Nahrung zu niedrig ist. Diese Tiere können feste Nahrung wie ungeschälte Nüsse mit geringer Substratfeuchte nicht zu sich nehmen, weil sie ganz einfach für die Mundwerkzeuge zu hart sind. Liegt der Feuchtigkeitsgehalt von getrockneten Bohnen bei ca. 5 %, ist auch nur 5 % der Waren von den Larven des Speisebohnekäfers befallen. Aber bereits bei 40 % Feuchtigkeitsgehalt der Bohnen haben die Larven des Speisebohnenkäfers die Ware zu 80 % befallen. Mehl- oder Modermilben können sich von intakten Getreidekörnern nicht ernähren. Hier bedarf es erst einmal einer Vorschädigung z. B. durch den Getreidekapuziner, bevor dieses Nährsubstrat für Milben zugänglich ist. Der Feuchtigkeitsgehalt vom Nährsubstrat kann sich ebenso auf die Entwicklung von Käfern oder Motten auswirken. So ist ein Feuchtigkeitsgehalt des Getreides von 12 % schon für viele vorratsschädliche Insekten oft die untere Grenze für ihre Entwicklung. Für Rüsselkäferarten und Getreidekapuziner sollen nach Angaben in der Literatur (STEIN 1986) 8 % zur Entwicklung noch ausreichend sein.

Beim Faktor Luftfeuchtigkeit darf nicht außer Acht gelassen werden, dass sich ohne bzw. bei unzureichender Luftzirkulation Schimmelpilze bilden können, die im weitesten Sinne auch zu den Schadorganismen zählen. Besonders bei warmen Außentemperaturen ab dem späten Frühjahr und im Sommer kann Schimmelpilzbesatz z. B. an Futtermitteln geradezu explodieren. Selbst nach Entfernung der sichtbar verschimmelten Partien ist das scheinbar unveränderte Futter durch die rasche Verbreitung der Pilzsporen nahezu immer hochgradig mit Mykotoxinen belastet. Eine Verfütterung führt bei Nutztieren zu chronischen Vergiftungen und einem allgemein schlechten Gesundheitszustand mit einher gehendem Rückgang der Milchleistung und Fruchtbarkeitsstörungen. Bei Aufnahme größerer Mykotoxinmengen erkranken die Tiere an der Schimmelpilzmykose, die leberschädigend ist und zu schweren Darmentzündungen mit blutigem

Durchfall führt. Beim Getreide wird hinsichtlich von Schimmelpilzen nach mykotoxinbildenden Feld- und Lagerpilzen unterschieden. Feldpilze wie diverse Arten von *Fusarium* sind solche, die bereits im Wachstum das Getreide befallen und bei schlechter Lagerung eine weitere Vermehrung erfahren. Lagerpilze wie *Penicillium* sind solche, die erst bei schlechter Lagerung auftreten. Zwar sind die Feuchtigkeitsansprüche von Schimmelpilzen unterschiedlich, dennoch gilt die Faustregel: Bei Getreide mit weniger als 13 % Kornwassergehalt und bei einer relativen Luftfeuchte im Lager von unter 65 % kommt es zu keinem Pilzwachstum. Somit ist deutlich, dass landwirtschaftliche Betriebe auch hinsichtlich des Faktors Feuchtigkeit vielen Schadorganismen sehr gute Lebensbedingungen bieten.

1.1.4 Das Licht

Licht ist ebenso ein Faktor, der Einfluss auf das Leben von Schädlingen nimmt und für den Agrarbereich von Bedeutung ist. Einerseits ist Licht für viele fliegende Insekten besonders attraktiv und anziehend, was mittels der so genannten UV-Insektenfanglampen zur Prophylaxe und Bekämpfung eingesetzt werden kann (s. Seite 63, 84). Andererseits ist Licht für Insekten wie Schaben abstoßend, was in der Fachterminologie als negativ phototaktisch bezeichnet wird. Schaben meiden versteckt in ihren Refugien sitzend das Tageslicht und können als klassische nachtaktive Tiere bezeichnet werden. Und schließlich gibt es dämmerungsaktive Tiere, die weder Tag noch Nacht bevorzugen, wozu z. B. Motten zählen. Alle Lebensaktivitäten der adulten Mottenfalter wie Flug, Auffinden des Geschlechtspartners, Kopulation und Eiablage finden in der Zeit zwischen Tag und Nacht statt. Nicht anders ist dies bei Ratten und Mäusen, deren Lebenskraft in der Dämmerung geweckt wird. Alleine schon an den großen Ohren dieser Tiere ist ersichtlich, dass sie nacht- und dämmerungsaktiv sind. Interessant ist bei näherer Betrachtung des Faktors Licht, dass viele Schädlinge den Höhepunkt ihrer Aktivitäten in den Zeiten haben, in denen Mensch und Nutztier ruhen.

1.2 Wie finden Schädlinge ihren Weg in den landwirtschaftlichen Betrieb?

Durch die mit dem Handel einsetzenden Transporte von Waren sind Insekten und Nager weltweit verbreitet worden, sodass Schädlinge wie Schaben, Fliegen, Mäuse und Ratten mittlerweile als Kosmopoliten gelten. Und diese Form der Verschleppung ist auch heute noch brandaktuell, denn z. B. mit dem aus Argentinien stammenden Mais oder mit den aus China stammenden Sonnenblumenkernen kommen auch Schädlinge „als blinde Passagiere" mit nach Europa, die in diesen Ländern leben. Aber auch die aktive Zuwanderung von Schädlingen ist möglich und bedeutsam.

1.2.1 Die aktive Zuwanderung

Grundsätzlich ist die Form der passiven Verschleppung zweifellos auch für den landwirtschaftlichen Betrieb die wichtigste Variante bei der Ausbreitung von Schädlingen. Dennoch darf das aktive Eindringen bei bestimmten Schädlingsarten nicht völlig vernachlässigt werden. Zwar haben verschiedene Schadinsekten (z. B. Flöhe, Messingkäfer, Kornkäfer) aufgrund der parasitären und schmarotzenden Lebensweise keine Flügel mehr, andere mit Flügeln fliegen nicht oder nur wenig (Schaben, Khapra- und Getreideschimmelkäfer). Vorratsschädigende Käfer und Motten haben daher bei der aktiven Zuwanderung kaum eine Bedeutung. Aber es gibt unter den Schadinsekten auch sehr gute Flieger, die bei der aktiven Zuwanderung eine bedeutende Rolle spielen. Schmeißfliegen haben in Versuchen 45 km zurückgelegt, bei Wespen (Gemeine Wespe) waren es 35 km und auch die Große Stubenfliege schafft mit ihrer im Verhältnis bescheidenen Größe von 6–9 mm Entfernungen von 32 Kilometern in einem einzigen Flug. Natürlich dürfen auch Vögel, die ihrerseits wieder mit Schadorganismen befrachtet sind oder solche mit dem Kot ausscheiden, nicht unerwähnt bleiben.

Die aktive Ausbreitung durch Zuwanderung spielt bei Mäusen und Ratten eine bedeutende Rolle. Die Besiedlung neuer Lebensräume ist gerade bei Ratten nicht zu unterschätzen. Zwar sind Wanderratten entgegen ihrer Bezeichnung mehr oder weniger sesshaft, dennoch können Auslöser wie Nahrungsknappheit oder Verschlechterung der Lebensbedingungen zu einem Revierwechsel führen. Weiterhin wirkt sich der Fortpflanzungstrieb auf das Verhalten von Schadnagern aus. Das anführende Männchen bei Mäusen duldet beispielweise keine Rivalen. Sobald männliche Jungtiere in die Geschlechtsreife kommen, werden diese vom Rudelführer aus dem Revier vertrieben und suchen mit ein paar Weibchen ein neues Domizil.

1.2.2 Die passive Verschleppung

Die heutige Weltwirtschaft ist geprägt von einer internationalen Arbeitsteilung, bei der die verschiedensten Waren weltweit verschickt werden. Ohne Verpackungen und ohne Transportmittel wäre dieser globale Warenaustausch nicht möglich. Und dieses System ist es, das auch Schädlinge von A nach B und befördert und daher als passive Verschleppung bezeichnet wird.

Die Verschleppung von Schädlingen mit Waren

Sicherlich ist diese Form auch im landwirtschaftlichen Bereich die häufigste Ursache für die Ausbreitung von Schädlingen. Je nach Betriebsart werden regelmäßig die verschiedensten Waren wie Saatgut, Futtermittel, Dünger etc. angeliefert und bei jeder Warenanlieferung können Schädlinge dabei sein. Je mehr Waren bezogen werden, umso höher ist die Wahrscheinlichkeit, Schädlinge dabei zu haben. Auch bei Nutztieren ist die Möglichkeit einer Verschleppung von Schadorganismen und/oder Krankheitskeimen gegeben. Problematisch kann dieses insbesondere im internationalen Handel mit lebenden Tieren und Tiererzeugnissen werden.

Die Verschleppung von Schädlingen mit Verpackungen
Packmittel wie Papier- und Jutesäcke oder Wellpappkartons sind geradezu ideale Unterschlupfmöglichkeiten für Schädlinge. Viele der Produkte sind aus Stabilitätsgründen zusätzlich mit Folie umwickelt. Unter der Folie herrschen noch einmal verbesserte Bedingungen für Schädlinge, sodass fast alle Verpackungen die Ausbreitung von Schädlingen begünstigen. Umkartons, Säcke oder Folien sollten bei jeder Lieferung kritisch inspiziert und so rasch wie möglich entsorgt werden, um Schädlingen die Ausbreitung zu verwehren. Landwirtschaftlich Betriebe, die pflanzliche Erzeugnisse herstellen, brauchen ihrerseits für die Fertigware Packmittel. Hat der Verpackungslieferant Probleme mit Schädlingen, ist auf diesem Weg auch der landwirtschaftliche Betrieb gefährdet.

Das leere Lager als Befallsquelle
Hat in einem Lager Schädlingsbefall vorgelegen, muss dieses gereinigt und gegen Schädlinge behandelt werden, bevor neue Waren eingelagert werden. Wird dieses versäumt, ist die neue, schädlingsfreie Ware innerhalb kürzester Zeit erneut befallen. Nutzen für Reinigung und Schädlingsbekämpfung sollte man gerade die Zeiten, wenn Lagerräume oder Silos leer stehen. Leer mit dem Auge eines Menschen ist nicht leer aus Sicht der Schädlinge. Denn auch geringe Restmengen reichen für die Ernährung von Schädlingen aus und auch Einzelexemplare einer Motte oder eines Käfers können frische Ware erneut befallen und zu entsprechendem Befallsdruck führen.

Die Verschleppung von Schädlingen mit Transportmitteln
Nicht immer ist gewährleistet, dass landwirtschaftliche Betriebe die eingekauften Waren mit eigenen Transportmitteln in den Betrieb bringen. Wird man per Spediteur oder Landhändler beliefert, besteht bei einem durch Schädlinge befallenen Fahrzeug auch Gefahr für die gelieferte Ware. Die Transportzeit ist für Schädlinge in der Regel ausreichend, um die nicht befallene Lieferung zu infizieren. Im weitesten Sinne zu den Transportmitteln zählen Europaletten aus Holz, die nicht nur für die Logistik perfekt sind sondern auch von Schädlingen zur Ausbreitung genutzt werden. Solche Fremdpaletten sollten, wenn machbar, gar nicht erst in den eigenen Betrieb gelangen.

Die Verschleppung von Schadorganismen durch Haus- und Wildtiere

Hunde, Katzen, Igel, Kaninchen und Vögel können zum Beispiel für die Ausbreitung von Zecken oder Milben verantwortlich sein. Sind diese einmal im landwirtschaftlichen Betrieb angekommen, können sie wiederum im Nutztierbestand für Probleme sorgen.

1.3 Fazit

Landwirtschaftliche Betriebe bieten nahezu allen Schädlingen ideale Lebens- und Entwicklungsbedingungen. Sowohl über die aktive Zuwanderung als auch über die passive Verschleppung finden Schadinsekten und -nager immer eine Möglichkeit, in das menschliche Umfeld zu gelangen und sich dort zu etablieren. Vor diesem Hintergrund darf das Thema Schädlinge in der Landwirtschaft nicht als zeitpunktbezogene Maßnahme gesehen werden sondern vielmehr als eine ständige Bedrohung, die einer kontinuierlichen Beachtung bedarf.

1.4 Testfragen

Frage 1
Was macht landwirtschaftliche Betriebe für Schädlinge so attraktiv?

Frage 2
Kann man die Dörrobstmotte heute noch als Nahrungsspezialist bezeichnen? Begründen Sie Ihre Antwort.

Frage 3
Nennen Sie mindestens drei Schädlinge, die zu den Allesfressern zählen.

Frage 4
Warum spielt die Temperatur für Insekten und Spinnentiere eine wichtige Rolle?

Frage 5
Welches ist die ursprüngliche Heimat der Großen Stubenfliege?
(Zutreffendes bitte ankreuzen)
O Mittelasien
O Ostafrika
O Mittelmeerraum

Frage 6
Was versteht man bei Insekten unter einem Entwicklungsoptimum und wo liegt dieses bei Kornkäfern?

Frage 7
Benötigen Mäuse bei Ihrer Nahrung Wasser? Begründen Sie Ihre Antwort.

Frage 8
Nennen Sie mindestens drei Schädlinge, bei denen die aktive Zuwanderung in den landwirtschaftlichen Betrieb eine Rolle spielt.

Frage 9
Was versteht man bei Schädlingen unter der passiven Verschleppung?

Frage 10
Warum sind Schädlinge für einen landwirtschaftlichen Betrieb eine ständige Bedrohung?

■ Die Auflösungen der Testfragen sind in Kapitel 8 zu finden.

2 Kurzportrait der wichtigsten Schädlinge

Obwohl viele verschiedene Tierarten in landwirtschaftlichen Betrieben als Schädlinge auftreten können, zählten Ratten, Mäuse und Fliegen ursprünglich sicher zu den häufigsten Schädlingen im Agrarbereich. Infolge der Spezialisierung in der Nutztierhaltung, im Ackerbau mit Monokulturen sowie infolge der Ausweitung von Handelsbeziehungen sind in den letzten Jahren immer mehr bislang eher unbedeutende Schädlinge wie Schaben, Milben und Motten im Agrarbereich hinzu gekommen. Eine weitere Ausweitung der Schädlingsfauna hat sich mit der durch den Klimawandel bedingten Erderwärmung ergeben, sodass mittlerweile auch Zecken, Mücken und Gnitzen zum Problem werden können. Daher muss heute auch im landwirtschaftlichen Bereich mit dem Auftreten aller möglichen Schädlinge (siehe Tab. 10) gerechnet werden.

2.1 Wichtige Schadnager

Als wichtigste Vertreter sind hier Ratten und Mäuse zu nennen. Vermutlich mit dem Getreideanbau von Asien nach Europa gekommen, sind sie mittlerweile weltweit verbreitet. Ihr ausgezeichnetes Anpassungsvermögen sowie ihre extrem hohen Vermehrungsraten befähigen sie, nahezu überall auf der Erde leben und überleben zu können. Eine 1993 vom britischen Ministerium für Landwirtschaft, Fischerei und Lebensmittel in Auftrag gegebene Studie zeigt, dass sich Ratten und Mäuse immer weiter ausbreiten, was uneingeschränkt auch für Deutschland angenommen werden kann. Bei den Ratten wird nach Wander- und Hausratten unterschieden, wobei Hausratten im land-

Tab. 10 Mögliche Schädlingsarten in landwirtschaftlichen Betrieben

Insekten *(Hexapoda)*	**Spinnentiere *(Arachnida)***	**Nagetiere *(Rodentia)***
Fliegen (Muscidae) z. B. Fliegen, Mücken	Milben *(Acari)* z. B. Zecken	Echte Mäuse *(Muridae)* z. B. Mäuse, Ratten
Hautflügler *(Hymenoptera)* z. B. Wespen, Ameisen		
Schmetterlinge *(Lepidoptera)* z. B. Motten		
Käfer *(Coleoptera)*		
Schaben *(Blattaria)*		

wirtschaftlichen Bereich eine eher untergeordnete Rolle spielen. Bei Mäusen sind in erster Linie Haus- und Feldmäuse zu nennen, wobei aber auch Erd-, Rötel-, Wald-, Ähren- und Schermäuse auftreten können. Auch wenn Ratten und Mäuse zumindest im Volksmund oft in einem Atemzug genannt werden, weisen sie doch sehr unterschiedliche Lebens- und Verhaltensweisen auf.

Da Mäuse und Ratten mit Hantaviren infiziert sein können, die mit Urin, Kot und Speichel ausgeschieden werden, können sie auch für den Mensch im landwirtschaftlichen Bereich gefährlich werden. Die Nager selbst erkranken nicht, der Mensch kann sich aber bereits durch das Einatmen virushaltiger Luftpartikel infizieren, was zu Nierenfunktionsstörungen mit hohem Fieber (Hämorrhagisches Fieber) führen kann.

2.1.1 Die Wanderratte (*Rattus norvegicus*)

Verbreitung: Wanderratten (Abb. 1) sind heute weltweit verbreitet, bevorzugen die Nähe von Gewässern, können aber auch an trockenen Orten wie Getreidespeichern, Mühlen etc. auftreten.
Aussehen: Wanderratten haben einen etwas gedrungenen Körperbau. Ausgewachsene Tiere erreichen eine Länge bis zu 46 cm. Das Fell ist auf dem Rücken rötlich bis graubraun und auf der Bauchseite hellgrau bis weiß. Die Färbung der Tiere wird in zunehmendem Alter dunkler. Weitere Details sind in Tabelle 11 enthalten.
Entwicklung: Bei einer Tragezeit von drei Wochen wirft ein Weibchen zwei bis drei Mal jährlich im Schnitt acht Junge. Diese sind be-

Abb. 1 Wanderratte (*Rattus norvegicus*).

Tab. 11 Wesentliche Unterscheidungsmerkmale von Wanderratte und Hausmaus (VOIGT 2006)

Deutscher Name	Wanderratte	Hausmaus
Wissenschaftlicher Name	*Rattus norvegicus*	*Mus musculus*
Geschlechtsreif	in 2–3 Monaten	in 1–1,5 Monaten
Schwangerschaft	ca. 23 Tage	ca. 19 Tage
Junge pro Wurf	ca. 8–12	ca. 5-6
Zahl der Würfe pro Jahr	ca. 4–7	Bis zu 10
Gewicht	280–480 g	12–30 g
Gesamtlänge	32–46 cm	15–19 cm
Kopf und Körper	stumpfe Schnauze , schwer, dick, 18–26 cm	klein, 6–9 cm
Schwanz	kürzer als Körper, wird relativ ruhig getragen, 14–20 cm, Unterseite heller	gleichlang oder ein wenig länger als der Körper, 8–10 cm
Ohren	klein, halb im Fell verschwunden	deutlich und in Relation zum Körper ziemlich groß
Fell	dicht, rotbraun bis graubraun	seidenweich, dunkelgrau

reits nach drei Monaten wieder geschlechtsreif, womit rein theoretisch von nur einem Weibchen pro Jahr 470 Nachkommen entstehen könnten.

Nahrung: Im Prinzip sind Ratten Allesfresser, ihr Speisezettel reicht von hochwertigen Nahrungsmitteln bis hin zu Abfällen und Unrat. Zwar können sie sich ausschließlich von pflanzlicher Kost ernähren, bevorzugen aber Nahrung tierischer Herkunft und benötigen Wasser. Sie achten bei der Ernährung instinktiv auf ein ausgeglichenes Verhältnis von Kohlenhydraten, Eiweiß sowie Fett und sind neuen Nahrungsquellen gegenüber äußerst misstrauisch.

Ökologie: Wanderratten vertragen Nässe und Kälte gut, benötigen aber warme und trockene Orte für den Nestbau, da die Jungtiere nackt zur Welt kommen.

2.1.2 Die Hausmaus (*Mus musculus*)

Verbreitung: Hausmäuse (Abb. 2) sind weltweit verbreitet; sie leben nur selten im Freiland und haben sich dem menschlichen Umfeld angepasst. Da Hausmäuse in ihren Revieren nur ein Männchen dulden, werden geschlechtsreife Jungtiere von dem anführenden Männchen aus dem Revier vertrieben, was sehr schnell zu einer explosionsartigen Ausbreitung innerhalb eines Gebietes führen kann.

Aussehen: Der Körper einer ausgewachsenen Hausmaus ist etwa 7–11 cm lang, wozu noch ein 10 cm langer Schwanz kommt. Das Fell ist auf dem Rücken dunkel- bis goldbraun und wird zur Körperunterseite hell bis nahezu weiß. Die Ohren der Hausmaus sind in Relation zum Körper relativ groß.
Entwicklung: Das Weibchen der Hausmaus wirft fünf bis acht Mal im Jahr vier bis acht Junge. Unter sehr günstigen Bedingungen (Nahrung, Lebensraum) können nach einer dreiwöchigen Tragezeit sogar zwölf Jungtiere pro Wurf enthalten sein. Acht Wochen nach der Geburt sind diese Tiere bereits wieder geschlechtsreif. Von einem Mäusepaar können somit rein theoretisch in einem Jahr 1000 Nachkommen entstehen.
Nahrung: Abwechslungsreiche Mischkost von pflanzlichen Produkten sowie Lebensmittel tierischer Herkunft dienen als Nahrung. In der Not werden auch Abfälle akzeptiert, das Naschen an hochwertigen Lebens- und Futtermitteln wird jedoch bevorzugt. Hausmäuse fressen insgesamt 18- bis 25-mal pro Tag und wechseln zu etwa 15 bis 30 verschiedenen Futterstellen. Dabei wird rund $\frac{1}{5}$ des eigenen Körpergewichtes aufgenommen. Solange die Nahrung 14 % Feuchtigkeit enthält wird kein zusätzliches Wasser benötigt. Gegenüber neuen Nahrungsquellen sind Hausmäuse nicht misstrauisch eingestellt.
Ökologie: Hausmäuse stellen hinsichtlich der Temperatur höhere Ansprüche als Ratten. Feuchtigkeit wird schlecht vertragen, was einen Aufenthalt im Freien nur im Sommer ermöglicht.

Abb. 2
Hausmaus
(*Mus musculus*).

2.1.3 Die Feldmaus (*Microtus arvalis*)

Verbreitung: Die Feldmaus gelangte offenbar erst mit der Verbreitung der Landwirtschaft nach Europa. Dank ihrer Anpassungsfähigkeit besiedelt sie alle geeigneten Lebensräume, vom Tiefland bis ins Gebirge. Sie lebt gerne in der offenen Feldflur und bevorzugt sonnige, trockene, mäßig hohe Grasflächen.
Aussehen: Die Feldmaus hat einen gedrungenen Körperbau und misst mit Schwanz ca. 12–16 cm. Das Rückenfell kann gelbgrau bis braun- bzw. dunkelgrau gefärbt sein. Es ist dicht und kurzhaarig. Die unauffälligen abgerundeten Ohren ragen etwas aus dem Kopffell hervor. Sie wird oft mit der Erdmaus verwechselt.
Entwicklung: Die Vermehrungsfähigkeit der Feldmäuse ist ausgesprochen groß. In der Paarungszeit zwischen März und Oktober gibt es alle drei bis vier Wochen einen neuen Wurf mit bis zu zwölf Jungtieren. Weibchen sind bereits nach 14 Tagen und Männchen nach 28 Tagen wieder geschlechtsreif, womit eine neue Generation beginnen kann.
Nahrung: Feldmäuse ernähren sich überwiegend von grünen oberirdischen Pflanzenteilen, aber auch von Sämereien, Körnern und unterirdischen Pflanzenteilen. Tierische Nahrung in Form von Insekten wird dagegen nur selten aufgenommen.
Ökologie: Feldmäuse sind offenbar sehr lichtbedürftig. Man findet sie überwiegend in offenem Gelände, vor allem auf nicht zu feuchtem Gras- und Kulturland. Sie können auch im menschlichen Umfeld auftreten. Sie sind sehr tolerant gegenüber niedrigen Temperaturen und können daher auch im Freiland überwintern.

2.2 Wichtige Schadinsekten

Insekten gehören zoologisch zu den Gliederfüßern (Arthropoden) und sind erstmals vor etwa 350 Millionen Jahren aufgetreten. Rund eine Million Arten werden ihnen weltweit zugerechnet, was etwa ¾ aller bekannten Tiergruppen ausmacht, womit sie ohne Zweifel zu den artenreichsten Tierarten der Erde zählen. Phänomenal ist ihre Fähigkeit, praktisch überall auf der Erde leben zu können. Insekten sind wechselwarme Tiere, womit ihre gesamten Aktivitäten ganz maßgeblich von den herrschenden Außentemperaturen beeinflusst werden. Keineswegs dürfen Insekten in erster Linie als schädlich eingestuft werden, denn die nützlichen Arten überwiegen bei Weitem.

2.2.1 Fliegen (*Muscidae*)

Fliegen gehören zur Ordnung der Zweiflügler *(Diptera)*, da sie nur zwei Flügel besitzen und das ehemals zweite Flügelpaar zu Schwingkölbchen (dienen der Koordination des Fluges) umgewandelt ist. Die Zweiflügler zählen mit 100 Fliegenfamilien und etwa 60 000 Arten zu den sehr artenreichen Insektenordnungen. In dieser Ordnung gibt es

Tab. 12 Übersicht wichtiger Fliegenarten im engeren Sinne mit Bedeutung für den landwirtschaftlichen Bereich

Deutsche Bezeichnung	Wissenschaftliche Bezeichnung
Stubenfliege	*Musca domestica*
Kleine Stubenfliege	*Fannia canicularis*
Fleischfliege	*Sacrophaga* spp.
Goldfliege	*Lucilia* spp.
Schmeißfliege	*Calliphora* spp.
Glanzfliege	*Phormia* spp.
Tau-, Essig- oder Obstfliege	*Drosophila* spp.

Fliegen im engeren Sinne, die in Tabelle 12 erfasst sind und häufig auch in landwirtschaftlichen Betrieben auftreten. Darüber hinaus gibt es Fliegenarten, die vornehmlich auf der Weide auftreten und weidende Nutztiere mitunter massiv peinigen. Die wichtigsten Weidefliegenarten sind Augenfliege *(Musca autumnalis)*, Kleine Weidenstechfliege *(Haematobia irritans)*, Große Weidenstechfliege *(Haematobia stimulans)* und die Kopffliege *(Hydrotaea irritans)*.

Verbreitung: Alle in Tabelle 12 aufgeführten Arten sind mehr oder weniger weltweit verbreitet und treten besonders in Verbindung mit Nutztieren und Abfällen im menschlichen Umfeld auf. Diese Fliegenarten sind gute Flieger und können Distanzen von bis zu 30 km/Tag und mehr zurücklegen.

Aussehen: Das äußere Erscheinungsbild von Fliegen ist jedem bekannt. Die Formen des Körpers und die Färbung können aber sehr unterschiedlich sein. Stubenfliegen (Abb. 3) mit 7–8 mm Körperlänge sind meist schwarzgrau mit gelblichem Körper. Goldfliegen (Abb. 4) mit 1 cm Länge sind goldgrün oder goldblau glänzend, während Schmeißfliegen (Abb. 5) mit 8–16 mm Länge dunkelblau matt gefärbt sind. Tau- oder Essigfliegen fallen durch ihren kleinen Körper (2–4 mm) und die rötlich gelbbraune Färbung auf.

Abb. 3
Links: Stubenfliege (*Musca domestica*).

Abb. 4
Mitte: Goldfliege (*Lucilia* spp.).

Abb. 5
Rechts: Schmeißfliege (*Calliphoridae* spp.).

Entwicklung: Fliegen durchlaufen eine vollkommene Umwandlung (Holometabolie) vom Ei über die Larve und Puppe zum Vollinsekt. Optimale Temperaturen vorausgesetzt, werden die Eier teilweise schon 24 Stunden nach der Kopulation in größeren Gelegen vorzugsweise an Fäkalien abgelegt. Bei einer Lebenserwartung von drei bis sechs Wochen und guten klimatischen Bedingungen kann ein Weibchen bis zu 2000 Eier ablegen, womit es innerhalb kürzester Zeit zu einer hohen Generationsfolge und einer explosionsartigen Vermehrung kommen kann.
Nahrung: In erster Linie werden sich zersetzende, organische Substanzen als Nahrung genutzt. Stubenfliegen, Essig- und Taufliegen bevorzugen pflanzliche Stoffe während Schmeißfliegen tierische Substanzen wie Aas präferieren.
Ökologie: Alle in Tabelle 12 genannten Fliegenarten reagieren gegenüber niedrigen Temperaturen sehr empfindlich. Eine Überwinterung in unseren Breitengraden mit kalten Wintern ist nur in Stallungen möglich.

In Tabelle 13 sind wichtige Vertreter der Fliegen im weiteren Sinne mit ihren Stecheigenschaften und Flugradien erfasst, die gerade in der Nutztierhaltung zum Problem werden können.

2.2.2 Motten *(Tineidae)*

Motten gehören zur Ordnung der Schmetterlinge *(Lepidoptera)*, die wiederum in zwei Unterordnungen, die urtümlichen Kleinschmetterlinge (*Homoneura*) und in die höheren Schmetterlinge *(Heteroneura)* unterteilt ist. Die zur Unterordnung der höheren Schmetterlinge zäh-

Tab. 13 Übersicht wichtiger Fliegenarten im weiteren Sinne mit Stecheigenschaften und Flugradien (FUCHS/FAULDE 1997)

Ordnung (Familie)	Stecheigenschaften	Flugradius
Aedes-Mücken	nur Weibchen, tagsüber, nie in Gebäuden	2–20 km
Culex-Mücken	nur Weibchen, in Dämmerung, auch in Gebäuden	1–2 km
Anopheles-Mücken	nur Weibchen, nachts, auch in Gebäuden	1–2 km
Sandmücken *(Phlebotomen)*	nur Weibchen, nachts bei Windstille, auch in Gebäuden	bis 150 m
Kriebelmücken *(Simuliidae)*	nur Weibchen, tagsüber, fast immer im Freien	bis 50 km
Bremsen *(Tabanidae)*	nur Weibchen, tagsüber im Freien	13 km
Stechfliegen *(Stomoxys)*	Männchen und Weibchen stechen, tagsüber im Freien	1–3 km
Stechgnitzen *(Ceratopogonidae)*	Männchen und Weibchen stechen, Dämmerungs- und Nachtstecher, im Freien	1–3 km

Abb. 6 Dörrobstmotte (*Plodia interpunctella*).

lende kleine Familie der echten Motten *(Tineidae)* hat sich in unseren Breitengraden mit verschiedenen Arten als Vorratschädlinge etabliert. Die bekannteste und wohl am häufigsten im menschlichen Umfeld auftretende Art ist die Dörrobstmotte.

Aussehen: Die Dörrobstmotte *(Plodia interpunctella)* (Abb. 6) ist an ihrer auffallenden Färbung leicht zu erkennen. Die Vorderflügel sind am Außenrand zu ⅔ kupferrot, im Übrigen ist der Falter grau gefärbt. Die Dörrobstmotte wird etwa 8 mm lang und hat eine Flügelspannweite von 16 bis 20 mm. Die bis zu 17 mm lange Raupe variiert je nach Nährsubstrat in ihrer Färbung zwischen, weiß, gelblich, gräulich oder rosa.

Entwicklung: Auch Motten durchlaufen eine vollkommene Entwicklung: Ein Weibchen legt bis zu 600 Eier. Die Gesamtentwicklung vom Ei bis zum Falter dauert in Abhängigkeit von Nahrung, Luftfeuchtigkeit und Temperatur im ungeheizten Lager ca. sechs Monate, bei 20 °C erfolgt diese Entwicklung in ca. 74 Tagen und bei 30 °C sogar in nur 30 Tagen.

Nahrung: Nahrung nehmen bei den Motten nur die Larven zu sich, die allerdings so viel fressen müssen, dass es für Puppe und Falter reicht. Befallen werden in landwirtschaftlichen Betrieben Getreide, Getreideprodukte, Hülsenfrüchte, Saaten, Sämereien und Futtermittel.

Ökologie: Die Dörrobstmotte ist gegen tiefe Temperaturen relativ unempfindlich. Vor allem die Larven tolerieren Werte um −10 °C für ein paar Tage. Bei Temperaturen über 30 °C reduzieren sich die Lebensaktivitäten.

Weitere in landwirtschaftlichen Betrieben mögliche Mottenarten sind in Tabelle 14 zusammengefasst.

Tab. 14 Weitere in landwirtschaftlichen Betrieben mögliche Mottenarten (Voigt 2006)

Deutsche Bezeichnung	Wissenschaftliche Bezeichnung
Speicher, Heu- oder Tabakmotte	*Ephestia elutella*
Mehlmotte	*Ephestia kuehniella*
Tropische Speichermotte	*Ephestia cautella*
Getreidemotte	*Sitotroga cerealella*
Samenmotte	*Hofmanophila pseudospretella*
Roggenmotte	*Nemapogon personellus*
Kornmotte	*Nemapogon granellus*

Abb. 7
Links: Kornkäfer (*Sitophilus granarius*).

Abb. 8
Rechts: Tabakkäfer (*Lasioderma sericorne*).

2.2.3 Käfer (*Coleoptera*)

Käfer gehören zur Ordnung der *Coleoptera* und sind weltweit mit mehr als 500 000 Arten vertreten. Auch im Bereich der Schädlingsfauna haben Käfer mit mehr als 40 Arten eine gewichtige Bedeutung. In Abb. 7 ist ein Kornkäfer gezeigt. Zwar ist es nicht nötig, im landwirtschaftlichen Betrieb jeden einzelnen Käfer bis ins Detail zu ken-

Tab. 15 Für landwirtschaftliche Betriebe bedeutende Käferarten alphabetisch sortiert (Reichmuth 2006)

Käferart Deutsche Bezeichnung	Käferart Lateinische Bezeichnung	Bevorzugtes Nahrungsspektrum
Australischer Diebkäfer	*Ptinus tectus*	Getreide, auch verschimmelt
Backobstkäfer	*Carpophilus hemipterus*	Getreide, auch verschimmelt
Brotkäfer	*Stegobium paniceum*	Getreideerzeugnisse
Dornspeckkäfer	*Dermestes maculatus*	Getreide
Erbsenkäfer	*Bruchus pisorum*	Hülsenfrüchte
Getreidekapuziner	*Rhizopertha dominica*	Getreide
Getreideplattkäfer	*Oryzaephilus surinamensis*	Getreide
Getreideschimmelkäfer	*Alphitobius diaperinus*	Getreide, auch verschimmelt
Kornkäfer	*Sitophilus granarius*	Getreide
Kräuterdieb	*Ptinus fur*	Getreide, auch verschimmelt
Kugelkäfer	*Gibbium psyllioides*	Getreide, auch verschimmelt
Reiskäfer	*Sitophilus oryzae*	Getreide
Rotbrauner Reismehlkäfer	*Tribolium castaneum*	Getreideerzeugnisse
Speisebohnenkäfer	*Acanthoscelides obtectus*	Hülsenfrüchte
Tabakkäfer	*Lasioderma serricorne*	Getreide, auch verschimmelt

nen, dennoch sollten die wichtigsten Arten, die im Agrarbereich auftreten können auch hinsichtlich ihres Nahrungsspektrums bekannt sein. Tabelle 15 bietet einen Überblick zu einigen wichtigen Arten sowie zu deren Nahrungsspektren.

2.2.4 Schaben (*Blattaria*)

Schaben gehören zu der Ordnung der *Orthopitera* und sind von daher gesehen mit Schrecken, Ohrwürmern und Termiten eng verwandt. Weltweit sind etwa 3500 Arten bekannt, von denen vornehmlich zwei Arten, nämlich Deutsche Schabe *(Blatella germanica*, Abb. 9) und die Orientalische Schabe *(Blatta orientalis*, Abb. 10), im landwirtschaftlichen Bereich von Bedeutung sind. Schaben zählen stammesgeschichtlich zu den ältesten Insekten; Versteinerungen gehen in die Zeit bis vor 300 Millionen Jahren zurück, wobei sich ihr äußeres Erscheinungsbild sehr wenig verändert hat. Diese Insekten treten grundsätzlich immer dort auf, wo sie ausreichend Nahrung, Wärme, hohe Feuchtigkeit und dunkle Refugien finden, was insbesondere in der Nutztierhaltung (Schweine, Rinder) gegeben ist.

Verbreitung: Schaben lebten vormals im Laub tropischer und subtropischer Regenwälder, woher auch ihre Vorliebe für Dunkelheit, Wärme und Feuchtigkeit stammt. Mittlerweile sind Deutsche, Orientalische, Amerikanische und Braunbandschabe bedingt durch den internationalen Handel mehr oder weniger weltweit verbreitet.

Aussehen: Charakteristisch für Schaben ist ihr ovaler und flacher Körper, der Kopf, Brust und Hinterleib (Abb. 9 und 10) einschließt. Am Kopf stehen die meist sehr langen, fadenförmigen Fühler hervor, an denen sich knapp 10 000 Sinnesorgane befinden und die damit ein lebenswichtiges Organ darstellen. Am Körperhinterende befinden sich paarig angeordnete Anhänge, die sogenannten Windrezeptoren, die Luftzüge registrieren, was eine blitzschnelle Flucht ermöglicht. Flügel sind teils ausgebildet, teils verstümmelt, wobei der Flug bei Schaben keine Rolle spielt – sie zählen zu den kriechenden Insekten.

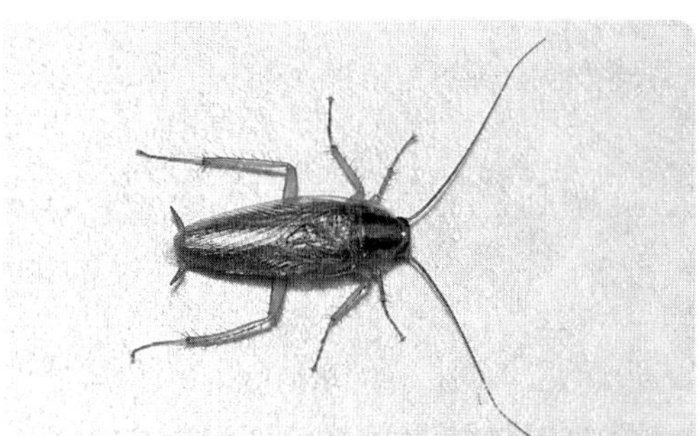

Abb. 9
Links: Deutsche Schabe (*Blatella germanica*).

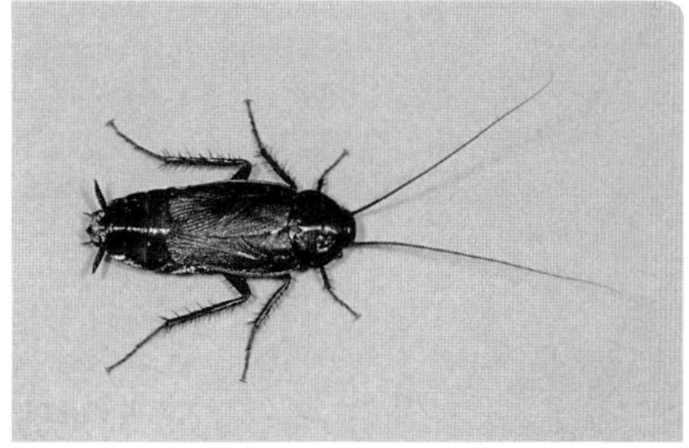

Abb. 10
Rechts: Orientalische Schabe (*Blatta orientalis*).

Abb. 11
Eipaket der Deutschen Schabe.

Entwicklung: Die Entwicklung von Schaben erfolgt in einer unvollkommenen Entwicklung (Hemimetabolie) über Ei, Larve bis hin zum adulten Tier. Andere Insekten wie Motten, Käfer oder Fliegen durchlaufen eine vollkommene Entwicklung (Holometabolie) über Ei, Larve, Puppe bis hin zum adulten Insekt. Tabelle 16 zeigt den Unterschied zwischen diesen Entwicklungsformen am Beispiel von Schaben und Fliegen. Eine weitere Besonderheit der unvollkommenen Entwicklung sind die vom Weibchen am Hinterende getragenen Eipakete (Oothek, Abb. 10). Während andere Insekten ihre Eier frei und einzeln ablegen, befinden sich in der Oothek je nach Schabenart bis zu 40 Eier gleichzeitig. In Abbildung 11 ist das Eipaket einer Deutschen Schabe gezeigt. Die Eier verbleiben in dieser Schutzhülle bis zur vollständigen Embryonalentwicklung. Erst dann schlüpfen die Nymphen, die aber den Imagines, abgesehen von der Größe, sehr ähnlich sehen. Durch mehrmaliges Häuten entwickeln sich die Nymphen zum adulten Tier. Schaben verfügen über ein enormes Vermehrungspotenzial, was innerhalb von kürzester Zeit zu einem massiven Befall führen kann.

Nahrung: Schaben sind ausgesprochene Allesfresser. Bevorzugt werden weiche, wasserhaltige pflanzliche Stoffe, akzeptiert wird aber auch Nahrung tierischer Herkunft. Keineswegs scheuen sich Schaben vor Kot, Aas und Abfällen, können sich aber auch lange alleine von Wasser ernähren, womit in der Nutztierhaltung in jedem Fall ein ausreichendes Nahrungsangebot zur Verfügung steht.

Ökologie: Trotz der Bindung an höhere Temperaturen können Deutsche Schaben auch niedrigere Temperaturen ertragen und sind mittlerweile durch ihr Anpassungsvermögen bedingt in der Lage, auch im Freiland aufzutreten. Bei Temperaturen unter 4 °C stellen sie allerdings ihre Aktivitäten ein, bei < 0 °C tritt der Kältetod und bei > 42 °C der Hitzetod ein. Orientalische Schaben stellen an Temperatur und

Tab. 16 Entwicklungszyklus von Schaben im Vergleich zu Fliegen

Schaben Unvollkommene Entwicklung	Fliegen Vollkommene Entwicklung
Eipaket (Oothek)	Ei
Auftreten mehrer Jugendstadien	Larvenstadium
Puppenstadium fehlt	Puppenstadium
ausgewachsenes Insekt (Imago)	ausgewachsenes Insekt (Imago)

Feuchtigkeit hohe Ansprüche. Ihr Temperaturoptimum liegt bei 25 °C und ihr Feuchtigkeitsoptimum bei einer relativen Luftfeuchte von 80–90 %, wobei mittlerweile durch ihre Anpassung auch niedrigere Werte toleriert werden.

2.2.5 Hautflügler (*Hymenoptera*)

Hautflügler, wie Wespen und Ameisen, spielen als Schädlinge im landwirtschaftlichen Bereich eine eher untergeordnete Rolle. Wespen werden vornehmlich im Obstbau ab Juli/August zur Plage, können aber Krankheitskeime verschleppen. Von zunehmender Bedeutung ist die Pharaoameise. Eine kleine nur 2 mm große Ameisenart, die aus den Tropen stammt, in unseren Breiten an Gebäude gebunden ist und erst im 19. Jahrhundert nach Europa eingeschleppt wurde. Ihre Verbreitung nimmt zu. Experten schätzen, dass sie in absehbarer Zeit die Häufigkeit des Auftretens von Schaben übertreffen wird. Da die Schweine- und Rinderhaltung dieser Ameisenart günstige Entwicklungsbedingungen bietet, darf ihr Auftreten nicht völlig ausgeschlossen werden. Problematisch ist diese Ameisenart, da sie auch Infektionskrankheiten wie z. B. Salmonellose übertragen kann.

2.3 Wichtige Schadspinnentiere

Auch Spinnentiere *(Chelicerata)* zählen zoologisch zu den Gliederfüßern *(Arthropoden)* und sind weltweit mit mindestens 100 000 Arten verbreitet. Wie bei den Insekten gibt es auch bei den Spinnentieren nützliche und schädliche Arten. Die im landwirtschaftlichen Bereich als Schadorganismen auftretenden Spinnetiere sind vornehmlich Milben und Zecken, die einer gemeinsamen zoologischen Klasse *(Acarina)* angehören.

2.3.1 Milben (*Mesostigmata*)

Milben gehören zur Ordnung der *Mesostigmata* und sind weltweit verbreitet. Fast alle Milben werden in der Regel kaum größer als 0,5 mm und existieren schon seit mindestens 300 Millionen Jahren. Während man Mitte des 18. Jahrhunderts lediglich ca. 30 Milbenarten kannte, sind heute weit über 40 000 Arten bekannt, wobei jährlich Hunderte neu entdeckt werden. Durch diese Artenvielfalt ist es nicht verwunderlich, dass Milben im Laufe der Zeit fast alle Bereiche unseres Planeten für sich entdeckt haben. Sind die Lebensbedingungen für sie günstig, kommt es meist zu einer starken Vermehrung. Als Überträger von Krankheitserregern kommt den Milben nur geringe Bedeutung zu, eine Schädigung des Wirtes erfolgt fast immer unmittelbar durch den Befall. Nach ihrem Fraßverhalten wird in Nage-, Saug- und Grabmilben unterschieden. In Tabelle 17 sind die häufigsten in der Landwirtschaft auftretenden Milbenarten mit ihren bevorzugten Wirten zusammengefasst. Die Nagemilben der Gattung *Chori-*

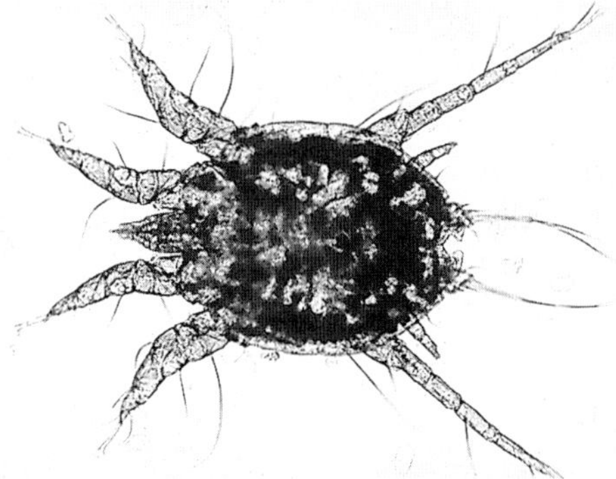

Abb. 12
Links: Räudemilbe (*Psoroptes* spp.).

Abb. 13
Rechts: Rote Vogelmilbe (*Dermanyssus gallinae*).

optes ernähren sich von Hautschuppen. Die Grabmilben der Gattung *Sarcoptes spp.* (Abb. 12) bohren Gänge in die oberen Hautschichten der Wirte, in denen sich dann nahezu die gesamte Entwicklung abspielt. Die Saugmilben der Gattung *Psoroptes* stechen mit ihren Mundwerkzeugen die Haut an und saugen Gewebsflüssigkeit. Die Rote *(Dermanyssus gallinae)* (Abb. 13) und die Nordische Vogelmilbe *(Ornithonyssus sylvarium)* zählen ebenso zu den saugenden Arten, ernähren sich allerdings ausschließlich von Blut. Während die Rote Vogelmilbe ihre Wirte nach dem Saugakt verlässt, findet die gesamte Entwicklung der Nordischen Vogelmilbe auf dem Wirt statt. Das Mikroklima der Stallhaltung mit wenig Licht, hoher Luftfeuchtigkeit und konstanter Wärme begünstigt Milben generell.

2.3.2 Zecken (*Metastigmata*)

Zecken sind im Prinzip parasitisch lebende Milben, zählen zur Ordnung der *Metastigmata* und sind weltweit verbreitet. In unseren Breiten wird in Schild- und Lederzecken unterschieden. In Tabelle 18 sind wichtige Arten mit ihren bevorzugten Wirten zusammengefasst. Die Schildzecken sind die größte der zwei Familien und werden in 19 Gattungen mit zurzeit etwa 650 Arten aufgeteilt. Insbesondere der

Tab. 17 Wichtige in der Landwirtschaft auftretende Milbenarten

Milbenart Deutsche Bezeichnung	Milbenart Lateinische Bezeichnung	Bevorzugtes Wirte
Nagemilbe	*Chorioptes* spp.	Rind, Schaf, Pferd
Grabmilbe	*Sarcoptes* spp.	Rind, Schaf, Schwein, Pferd
Saugmilbe	*Psoroptes* spp.	Rind, Schaf, Pferd
Rote Vogelmilbe	*Dermanyssus gallinae*	Geflügel
Nordische Vogelmilbe	*Ornithonyssus sylvarium*	Geflügel

Tab. 18 Wichtige in der Landwirtschaft auftretende Zeckenarten

Familie/Zeckenart Deutsche Bezeichnung	Familie/Zeckenart Lateinische Bezeichnung	Bevorzugte Wirte
Familie: Schildzecken	Familie: *Ixodidae*	
Gemeiner Holzbock	*Ixodes ricinus*	Kleinsäuger, Vögel, Hund, Katze, Huftiere, Mensch
Schafzecke	*Dermacentor marginatus*	Kleinsäuger, Hund, Rind, Schaf, Ziege, Mensch
Auzecke	*Dermacentor reticulatus*	Kleinsäuger, Hund, Rind, Schaf, Ziege, Pferd, Mensch
Braune Hundezecke	*Rhipicephalus sanguineus*	Hund, Mensch
Familie: Lederzecken	Familie: *Argasidae*	
Taubenzecke	*Argas reflexus*	Geflügel

Gemeine Holzbock *(Ixodes ricinus)* (Abb. 14) und die Schafzecke *(Dermacentor marginatus)* (Abb. 15) sind die in unseren Breiten am häufigsten auftretenden Schildzeckenarten. Ein typischer Vertreter der Lederzecken ist in unseren Breiten die Taubenzecke *(Argas reflexus)* (Abb. 16), die aber aufgrund ihres hohen Wärmeanspruches nur in Gebäuden und Stallungen leben kann. Zecken sollten in landwirtschaftlichen Betrieben keineswegs vernachlässigt werden. Erstens haben die klimatischen Bedingungen der letzten Jahre für eine massive Ausbreitung gesorgt und zweitens ist die Gefahr, dass Nutztiere von Zecken befallen werden, bei der Weidehaltung ohnehin gegeben.

Abb. 14 Links: Gemeiner Holzbock (*Ixodes ricinus*). Mit Blut vollgesogenes Weibchen.
Abb. 15 Mitte: Schafzecke (*Dermacentor marginatus*).
Abb. 16 Rechts: Taubenzecke (*Argas reflexus*).

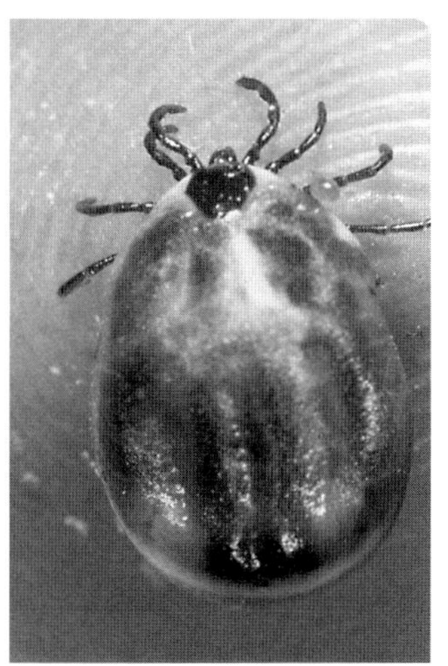

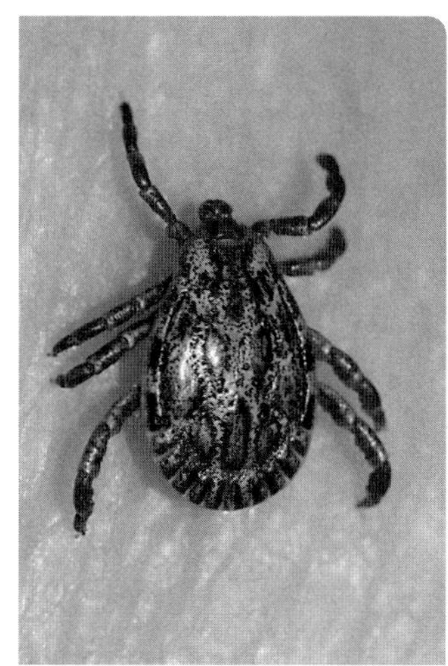

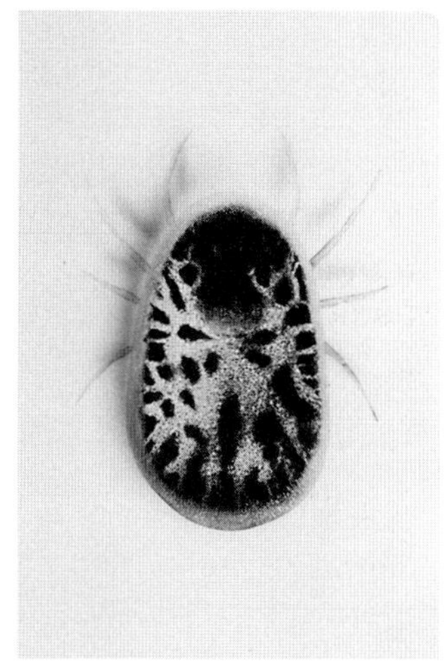

Hinzu kommt, dass Hund, Katze, aber auch Vögel, Ratten und Mäuse Zecken während des Saugaktes in den landwirtschaftlichen Bereich einschleppen können. Wird ein befruchtetes Weibchen eingeschleppt, das kurz vor der Eiablage ist, können innerhalb kürzester Zeit 3000 bis 5000 Zecken auf dem Hof sein.

2.4 Vögel

So seltsam, wie es auf den ersten Blick erscheinen mag, aber Vögel wie verwilderte Haustauben, Spatzen, Möwen und sogar Schwalben müssen unter Umständen zu den Schadorganismen im landwirtschaftlichen Bereich gezählt werden, was in Kapitel 3 näher erläutert wird.

2.5 Welche Schädlinge treten in welchen Betrieben auf?

Aufgrund der extremen Anpassungsfähigkeit von Schädlingen können theoretisch alle Schädlinge in jedem landwirtschaftlichen Betrieb auftreten. Eine bestimmte Zuordnung von Schädlingen auf bestimmte Betriebsarten ist aber in gewisser Weise dennoch möglich. In den letzten Jahren hat sich das ehemals typische und traditionelle Bild eines landwirtschaftlichen Betriebes ganz wesentlich verändert. Vorbei sind die Zeiten mit ein paar Hühnern, drei, vier Kühen, fünf Schweinen sowie Getreide- und Kartoffelanbau. Die heutigen landwirtschaftlichen Betriebe sind fast alle auf bestimmte Agrarsektoren spezialisiert. Dabei geht eine Spezialisierung mitunter soweit, dass z. B. bei der Rinder- oder Schweinehaltung nach Milch-, Zucht- und Mastbetrieben unterschieden wird. Diese großen spezialisierten Betriebe können dann in fest definierte Bereiche mit ihren eigenen charakteristischen Merkmalen eingeteilt werden. Daher ist es zumindest im Ansatz möglich, eine gewisse Zuordnung von Schädlingen vorzunehmen, die in solchen Betrieben bevorzugt auftreten. In Tabelle 19 ist einen solche Zuordnung vorgenommen worden, was aber keinesfalls das Auftreten weiterer Schädlingsarten ausschließt.

Tab. 19 Typische Schädlinge in verschiedenen Agrarsektoren

Agrarsektor	Nager	Insekten	Spinnentiere	Vögel
Obst & Gemüse	Ratten	Tau- oder Essigfliegen	??	??
Getreide & Saat	Ratten, Mäuse	Käfer, Motten	Milben	Spatzen, Tauben
Schweinehaltung	Ratten, Mäuse	Diverse Fliegen-Schabenarten	Milben, Zecken	??
Rinderhaltung	Ratten, Mäuse	Diverse Fliegen-Schabenarten	Milben, Zecken	??
Schafhaltung	Ratten, Mäuse	Fliegen	Milben, Zecken	??
Geflügelhaltung	Ratten, Mäuse	Fliegen	Milben	??

2.6 Testfragen

Frage 1
Nennen Sie mindestens drei mögliche Schädlingsarten in landwirtschaftlichen Betrieben.

Frage 2
Welches sind die wichtigsten Schadnager im landwirtschaftlichen Bereich?

Frage 3
Welcher Schadnager ist gegenüber neuen Nahrungsquellen äußerst misstrauisch?

Frage 4
Warum kommt es bei Hausmäusen in der Regel immer zu einer explosionsartigen Ausbreitung innerhalb eines Objektes?

Frage 5
Nennen Sie mindestens drei Fliegenarten mit der deutschen Bezeichnung, die in landwirtschaftlichen Betrieben auftreten können.

Frage 6
Im Umfeld welcher Nutztiere treten Schaben bevorzugt auf?

Frage 7
Welche zwei Milbenarten (deutsche Bezeichnung) sind in der Geflügelhaltung gefürchtete Schädlinge?

Frage 8
Welcher Faktor begünstigt Milben in der Nutztierhaltung generell?

Frage 9
Wie ist es möglich, dass Zecken im landwirtschaftlichen Betrieb auftreten können?

Frage 10
Wie ist es möglich, dass bestimmte Schädlinge bestimmten landwirtschaftlichen Betrieben zugeordnet werden können?

■ Die Auflösungen der Testfragen sind in Kapitel 8 zu finden.

xine) führen bei Pferden, Rindern und anderen Wirbeltieren (auch bei Menschen) schon in geringsten Mengen zu schweren Erkrankungen. Insbesondere können sie Krebs erregen, das Zentralnervensystem, das Erbgut, die Leibesfrucht sowie Leber und Niere schädigen. Verschimmelte Futtermittel dürfen daher nicht mehr verfüttert sondern müssen vernichtet werden. Nur der Verlust durch die von Mäusen und Ratten bedingten Verschmutzungen an Futtermitteln beläuft sich auf einem durchschnittlichen Hof schon auf ca. 1400 € im Jahr.

3.1.2 Das gesundheitliche Gefährdungspotenzial in der Tierhaltung

Das Spektrum der in der Nutztierhaltung möglichen Schadorganismen ist gewaltig und reicht von Käfern, Motten, Schaben bis hin zu Ektoparasiten wie Fliegen, Mücken, Milben und Zecken. Fast alle oben genannten Schädlinge können Krankheiten übertragen, sodass Nutztierbestände nicht nur von Schadnagern sondern insbesondere auch von Insekten gefährdet sind. Problematisch bei der Übertragung von Krankheiten ist ferner, dass die Krankheitserreger nicht zwangsläufig direkt sondern auch indirekt übertragen werden können. Eine direkte Übertragung von pathogenen Keimen liegt immer dann vor, wenn der Schädling in direktem Kontakt zum Nutztier Krankheitserreger überträgt, wie das beispielsweise bei der durch Mücken verursachten Blauzungenkrankheit der Fall ist. Eine indirekte Übertragung liegt vor, wenn der Schädling pathogene Erreger beispielsweise auf Futtermittel verschleppt, das Nutztier davon frisst und anschließend erkrankt. Häufig ist das der Fall bei der Salmonellose, die auch von Ratten, Mäusen, Fliegen und Schaben indirekt übertragen werden kann. Die Schädlinge nehmen beispielsweise die *Salmonella* Bakterien aus dem Kot infizierter Tiere auf und verschleppen diese auf Futter, Tränkwasser, Einstreu und andere Gegenstände. Nehmen nunmehr gesunde Tiere diese mit Salmonellenbakterien infizierte Nahrung auf oder belecken im Stall infizierte Gegenstände, wird die Infektion übertragen. Besonders problematisch ist die indirekte Übertragung von Infektionen durch Fliegen, die als sehr gute Flieger gelten und Entfernungen bis zu 30 km zurücklegen können, womit sehr leicht und schnell eine Infektion von erkrankten zu gesunden Nutztierbeständen erfolgen kann.

3.1.2.1 Ratten und Mäuse

Aufgrund ihrer Lebens- und Ernährungsgewohnheiten sind Ratten und Mäuse für jeden landwirtschaftlichen Betrieb eine massive Gefährdung. Aus Tabelle 20 ist ersichtlich, dass in Ratten bereits eine Vielzahl von Krankheitserregern gefunden wurden, die auch zu Tiererkrankungen in Nutztierbeständen führen können. Auch Mäuse dürfen nicht unterschätzt werden, denn auch sie beherbergen eine Vielzahl von Krankheitserregern und fallen immer wieder bei Salmonelleninfektionen in Geflügelbeständen auf. Ein einziger Mäuseköttel

Abb. 19
Wanderratten machen auch vor Gemüse keinen Halt.

einer infizierten Maus enthält ca. 10 000 Salmonellenerreger und eine Maus scheidet pro Tag ca. 50 Kotkrümel aus, die damit 50 000 Salmonellenerreger enthalten können. Mit diesem Gefährdungspotenzial kann es innerhalb kürzester Zeit zu massiven Infektionen kommen, denn Mäuse bedienen sich auch am Hühnerfutter, verunreinigen dieses mit Kot, der vom Geflügel mitgefressen wird.

Tab. 20 An Ratten gefundene pathogene Keime mit den daraus resultierenden Erkrankungen

Krankheitserreger	Erkrankung	Übertragungsweg
Leptospira icterohaemorrhagiae	Leptospirose	Urin
Salmonella typhimurium	Salmonellose	Kot
Treponema hydodysenteriae	Dysenterie	Kot
Erysipelothrix rhusiopatiae	Rotlauf	Speichel, Flüssigkeiten
Listeria monocytogenes	Listeriose	Kot
Camphylobacter jrjuni	Dysenterie	Kot
Pasteurella multocida	Pasteurellose	Tröpfcheninfektion
Brucella abortus	Brucellose	Urin
Prototheca zopfii	Mastitis	Kot
Picornavirus/Aphtovirus	MKS	Gewebe, Speichel, Milch
Herpesvirus	Auleszkysche Krankheit	Gewebe
Trichinen	Trichinose	Muskelgewebe
Toxoplasma gondii	Toxoplasmose	Muskelgewebe

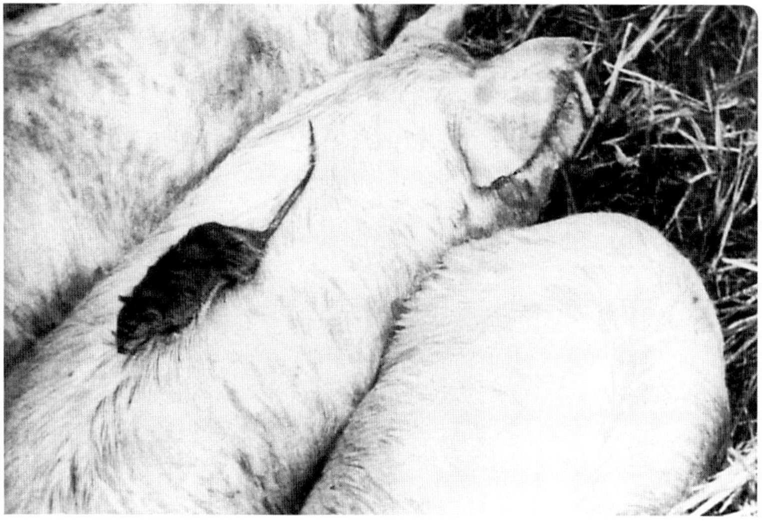

Abb. 20
Über Hausschwein laufende Wanderratte.

Dabei ist es für eine Infektion über Ratten und Mäuse nicht wichtig, dass die Krankheitserreger im Körper der Schadnager sind. Es reicht aus, wenn beispielsweise die Erreger aus dem Kot infizierter Tiere am Fell oder den Pfoten der Nager haften bleiben und diese dann an das Wasser oder Tierfutter weitergeben. Zu einer Infektion kann es auch durch direkten Kontakt von Ratte und/oder Maus zu Nutztier kommen, was aber eher die Ausnahme ist (Abb. 20). Der häufigste Weg ist die indirekte Übertragung. Da eine Vielzahl der Krankheitserreger von Tierkrankheiten über Kot und Urin ausgeschieden werden (Tab. 21), ist die Gefahr der Verbreitung und Verschleppung einer Infektion durch die Anwesenheit von Ratten und Mäusen immens. Hinzu kommt, dass eine Studie der Universität Oxford in Großbritannien gezeigt hat, dass Ratten im landwirtschaftlichen Umfeld mit weitaus mehr Krankheitskeimen infiziert sind als ihre Artgenossen in der Stadt. Interessant ist auch der Befund dieser Studie, dass Ratten in Nutztierbeständen stärker infiziert sind als Ratten von Betrieben mit reiner Pflanzenproduktion.

Tab. 21 Auswahl möglicher, durch Schädlinge indirekt übertragene Tiererkrankungen

Tiererkrankung	Erkrankung bei	Übertragungsweg	Primär mögliche Schädlinge als Überträger
Geflügelpest (A)	Hühner, Enten, Gänse, Puten, Tauben , Wildvögel	Nasen-Rachensekret Kot	Fliegen, Schaben, Mäuse, Ratten
MKS (A)	Rinder, Schweine, Schafe, Ziegen	Speichel, Milch	Fliegen, Schaben, Ratten

Tab. 21 (Fortsetzung)

Tiererkrankung	Erkrankung bei	Übertragungsweg	Primär mögliche Schädlinge als Überträger
Newcastle Krankheit (A)	Hühner, Truthühner, Fasane, Rebhühner, Wachteln, Wildvögel	Kot, Nasen-Rachen-Augensekret, möglich auch über Geräte, Futtermittel, Streu	Fliegen, Schaben, Mäuse, Ratten
Salmonellose (A*) (M) (Z)	Rinder, Schweine, Pferde, Hühner, Schafe, Ziegen, Hunde, Katzen, Mensch	vornehmlich Kot, möglich auch über Futter, Tränkwasser, Einstreu, Geräte	Fliegen, Schaben, Mäuse, Ratten
Schweinepest (A)	Schweine	in Inkubationszeit: Nasen-Rachen-Augensekret, Speichel akut: Urin, Kot	Fliegen, Schaben, Mäuse, Ratten
BVD (A)	primär Rinder, aber auch Schweine, Schafe, Ziegen, Rotwild	Schleimhäute, Blut, Kot	Blut saugende Insekten, Fliegen,
Vesikuläre Schweinekrankheit (A)	Schweine	Nasensekret, Kot	Fliegen, Schaben, Mäuse, Ratten
Infektiöse Bursitis (M)	Hühner	Kot möglich auch über Futter, Wasser, Einstreu, Staub	Fliegen, Schaben, Mäuse, Ratten
Leptospirose (M) (Z)	Rinder, Schafe, Ziegen, Schweine, Hunde, Mensch	Urin möglich auch über Futter, Wasser, Geräte, Weiden	Fliegen, Schaben, Mäuse, Ratten
Listeriose (M) (Z)	primär Rinder, Schafe, aber auch Ziege, Schwein, Geflügel, Hund, Katze, Mensch	Staub, Schmutz, Futtermittel	Fliegen, Schaben, Mäuse, Ratten
Marek-Krankheit (M)	Hühner	aerogen über Atemwege, möglich auch über Haut, Federn, Futter	Fliegen
Paratuberkulose der Rinder (M)	Rinder, Schafe, Ziegen	Kot, Milch, Sperma	Fliegen, Schaben, Mäuse, Ratten
Geflügeltuberkulose (M)	primär Hühner auch andere Hühnervögel	Kot möglich auch über Futter, Wasser	Fliegen, Schaben, Mäuse, Ratten
Tularämie (M)(Z)	primär Nagetiere auch Mensch	Kontakt, Kot, möglich auch über Wasser	Blut saugende Ektoparasiten, Mäuse, Ratten

(A) = Anzeigenpflichtige Tierseuche, (M) = Meldepflichtige Tierkrankheit, (Z) = Zoonose

3.1.2.2 Fliegen

Aufgrund ihrer Lebens- und Nahrungsgewohnheiten sind auch Fliegen für jeden landwirtschaftlichen Betrieb eine massive Gefährdung. Aus Tabelle 22 ist ersichtlich, dass in und an Fliegen eine Vielzahl von Krankheitserregern gefunden wurden, die auch zu Tiererkrankungen in Nutztierbeständen führen können. Vornehmlich in Schweineställen (Abb. 21) findet man die Große und Kleine Stubenfliege (Abb. 3 und 22) sowie *Drosophila repleta* (Abb. 23), die bevorzugt in Ställen zu finden ist. Der Gemeine Wadenstecher *(Stomoxys calcitrans)* (Abb. 24) hingegen bevorzugt Rinderställe. Die Übertragung von Infektionskrankheiten erfolgt bei Fliegen vornehmlich auf indirektem Wege. Dabei reicht eine einmalige Aufnahme von Mikroorganismen aus, um die Fliege für Wochen infektiös zu machen. Als Beispiel seien in Tabelle 23 Anfangs- und Endkontamination genannt. In einem Laborversuch wurden die zwei in der Tabelle 23 aufgeführten Fliegenarten absichtlich mit Krankheitskeimen infiziert, nach Lebensende wurden dann die noch am Körper der Fliegen befindlichen Keime ausgezählt. Mit diesem Versuch war bewiesen, dass eine einmalige Kontamination mit infektiösem Material ausreicht, um diese Krankheitserreger über einen längeren Zeitraum zu verbreiten. Darüber hinaus wird vermutet, dass Flie-

Tab. 22 Übertragung von Krankheitserregern durch Fliegen

Krankheit	Krankheitserreger	Schaden
Rotlauf	Bakterien	u. a. Verferkeln
Leptospirose	Bakterien	u. a. Verferkeln
Pasteurellen	Bakterien	Atemwegsinfektion
MKS	Virus	Haut- und Schleimhautschäden an Maul und Klauen, Todesfolge möglich
Schweinepest	Virus	Hautverfärbung, Blutungen, Durchfall, Gebärmutterentzündung, Verferkeln, Totgeburten, Todesfälle möglich
Salmonellose	Bakterien	u. a. Durchfall
E. coli-Infektion	Bakterien	u. a. Durchfall
Kokzidiosen	Einzeller	Durchfall
Spulwurminfektion	Parasiten	Leistungsdepression
Aujeskysche Krankheit	Virus	u. a. Saugferkelsterben, Atemwegsinfektion
Brucellose	Bakterien	Unrauschen, Aborte
Dysenterie	Bakterien	blutiger Durchfall

Abb. 21 Ferkelstall.

gen auch Prionen übertragen, die wie Viren und Bakterien Krankheiten verursachen. Dazu gehören bei Nutztieren der Rinderwahnsinn (BSE) und die Traberkrankheit (Scrapie) der Schafe.

Fliegen spielen aber nicht nur bei der indirekten Übertragung von Infektionskrankheiten eine Rolle, sondern können Nutztiere auch direkt schädigen. So sind die Stiche von Wadenstechern (*Stomoxys* spp., Abb. 24) ausgesprochen schmerzhaft und mit Juckreiz verbunden. In Folge kommt es bei den Nutztieren zunächst zu einem verstärkten Scheuern an Stalleinrichtungen, Zäunen und Bäumen, wodurch oberflächliche Hautläsionen entstehen, die sich in der Regel entzünden. Diese so entstandenen Hautverletzungen und -entzündungen sind dann wiederum für andere Fliegenarten attraktiv, wodurch es dann zu Folgeinfektionen kommt.

Die Weibchen verschiedener *Calliphoriden-* und *Sacrophagiden-*Arten (Schmeiß-, Gold- und Fleischfliegen) (Abb. 5) legen ihre Eier

Abb. 22 Links: Kopf eines Kalbes mit Großer Stubenfliege (*Musca domestica*).

Abb. 23 Mitte: Eine häufig im landwirtschaftlichen Bereich auftretende Essigfliege (*Drosophila repleta*).

Abb. 24 Rechts: Gemeiner Wadenstecher (*Stomoxys calcitrans*) auf Hausschwein.

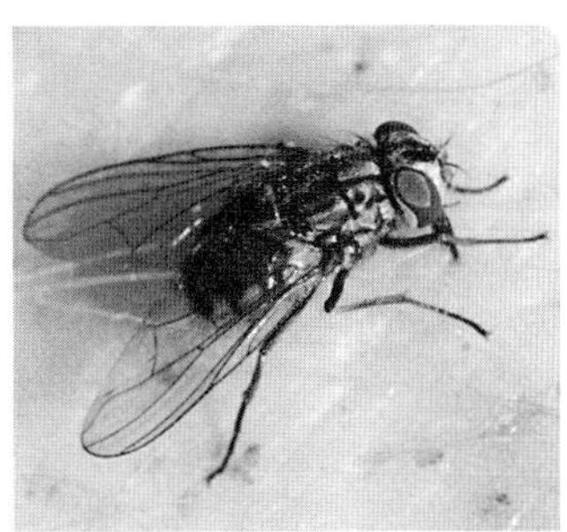

Abb. 25
Gnitze
(*Culicoides punctatus*).

bei Nutztieren, vornehmlich Schafen, in Wunden sowie feuchte und kotverschmierte Hautpartien ab. Nach Schlupf der Made bohrt sich diese in die Haut, zerstört in der Tiefe weiteres Gewebe und ernährt sich vom entzündlichen Wundsekret. Die dabei entstehenden Stoffwechselprodukte sind toxisch und können ein Schaf bei starkem Befall innerhalb von 24 Stunden töten. Diese Krankheit wird als *Myasis* oder Fliegenmadenkrankheit bezeichnet. Ein weiterer Ektoparasit unter den Fliegen sind die so genannten Dasselfliegen *(Oestridae)*, die ihre Eier bei Nutztieren wie Schafen, Ziegen, Pferden und Rindern in den Nasen-Rachen-Raum, in den Verdauungstrakt oder in die Haut ablegen, was dann in Folge zu entsprechenden Erkrankungen führt.

3.1.2.3 Schaben

Besondere Bedeutung im Nutztierbereich haben Deutsche (Abb. 9) sowie Orientalische Schaben (Abb. 10). Aufgrund ihrer Lebens- und Ernährungsgewohnheiten sind Schaben für jeden landwirtschaftlichen Betrieb eine massive Gefährdung. Aus Tabelle 24 ist ersichtlich, dass in und an Schaben eine Vielzahl von bakteriellen Krankheitserregern gefunden wurden, die über den indirekten Übertragungsweg auch zu Tiererkrankungen in Nutztierbeständen führen können. Dar-

Tab. 23 Anzahl der Mikroorganismen an zwei Fliegenarten unmittelbar nach Aufnahme der Keime und am Lebensende (Stein 1986)

Fliegenart	Keimart	Anzahl der Keime pro Fliege nach Aufnahme	Anzahl der Keime am Lebensende nach Tagen
Drosophila melanogaster (Kleine Essigfliege)	*Staphylococcus aureus*	426 600	133 nach 7 Tagen
dto.	*Bacillus megatherium*	119 000	274 nach 7 Tagen
dto.	*Penicillium frequentans*	23 460	41 nach 10 Tagen
Lucilia sericata (Fischgoldfliege)	*Escherichia coli*	15 900	190 nach 28 Tagen
dto.	*Proteus vulgaris*	16 300	130 nach 28 Tagen
dto.	*Pseudomonas aeruginosa*	18 900	1100 nach 21 Tagen
dto.	*Streptococcus faecalis*	17 300	200 nach 28 Tagen

über hinaus können Schaben krankheitserregende Viren und Pilze übertragen. Interessant ist, dass verschiedene pathogene Keime den Schabendarm nicht nur ungeschädigt passieren, sondern sich dort bestens vermehren können. Diese Vermehrungsrate sehr vieler Keime während der Darmpassage führt zu einer erheblichen Steigerung der Infektionsgefahr. Schaben werden somit zu regelrechten Reservoir-Tieren und zu Dauerausscheidern dieser Krankheitserreger.

Abb. 26 Schmetterlingsmücke (*Phlebotomus* spp.).

3.1.2.4 Mücken

Wie schon bei den stechenden Fliegenarten beschrieben führen auch Mückenstiche, insbesondere die der Kriebelmücken, zu heftigem Juckreiz mit entsprechenden Verhaltensweisen und Hautläsionen bei den Nutztieren. Erkrankungen mit Herz-Kreislauf-Kollaps und/oder Erstickung durch Anschwellungen im Nasen-Rachen-Raum ergeben sich bei Weidetieren, vornehmlich Rindern und Pferden, beim Massenbefall durch Kriebelmücken. Verursacht wird dies durch das in den Speicheldrüsen der Kriebelmücken gebildete Simuliotoxin, das herz- und gefäßschädigende Eigenschaften hat.

Für Aufsehen sorgte in den letzten Jahren die durch die Mücken der Gattung *Culicoides* (Gnitzen) (Abb. 25) übertragene Blauzungenkrankheit, von der Rinder, Ziegen und Schafe betroffen sind.

Tab. 24 An und in Schaben gefundene bakterielle Krankheitserreger mit veterinärmedizinischer Bedeutung

Krankheitserreger	Erkrankungen
Escherichia coli	Durchfallerkrankungen
Pseudomona aeruginosa	Eiterungen, Abzesse, Durchfall, Euterentzündung bei Rindern
Streptococcus spp.	Euterentzündung bei Rindern
Staphylococcus spp.	Euterentzündung bei Rindern, Hautinfektionen bei Pferden, erhöhte Embryosterblichkeit bei Hühnern
Enterococcus spp.	Euterentzündung bei Rindern, Lungenentzündung bei Schafen, Harn-/Geschlechtsorganentzündung
Proteus spp.	Harnwegsinfektionen, Euterentzündung bei Rindern
Klebsiella spp.	Geschlechtsorganentzündung bei Pferden, Euterentzündung bei Rindern, Durchfall bei Kälbern
Salmonella spp.	Durchfallerkrankung bei verschiedenen Nutztieren

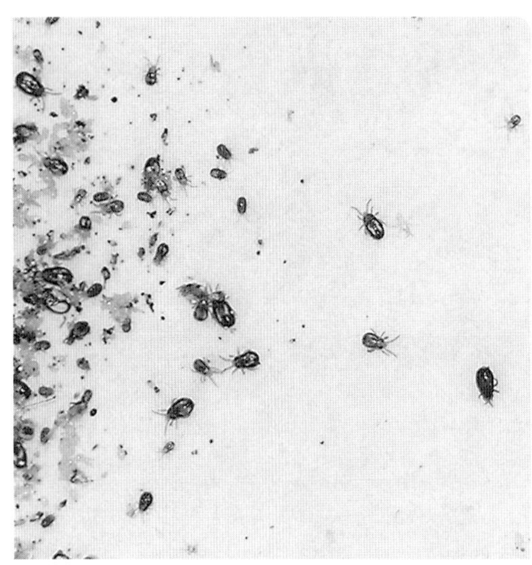

Abb. 27
Rote Vogelmilbe (*Dermanyssus gallinae*): Erwachsene Milben, Nymphenstadien und Eier sind zu erkennen.

Der Erreger greift Schleimhäute und andere Organe der Tiere an und verursacht Fieber. Die Todesrate beträgt bei Schafen 30 % und bei Rindern ca. 4 %. Mit Stand Februar 2008 wurden in Deutschland 21 605 Fälle amtlich gemeldet. Ursprünglich glaubte man, dass die Gnitzen *Culicoides imicola*, begünstigt durch die globale Erwärmung, von Afrika über das Mittelmeer nach Norden gezogen sind. Mittlerweile weiß man, dass mit dem Virus infizierte, aber äußerlich nicht krank erscheinende Tiere bei Transporten importiert wurden und die in unseren Breiten heimische Art *Culicoides obsoletus* den Virus aufgenommen hat und hier verbreitet. 2006 hoffte man, dass das an wärmere Regionen gewöhnte Virus den Winter nicht überstehen werde. Die Neuinfektionen im Juni 2007 belegten jedoch, dass das Blauzungenvirus in Mitteleuropa überwintern konnte.

3.1.2.5 Milben

Die in der Landwirtschaft wohl bekannteste Milbenart ist die Rote Vogelmilbe *(Dermanyssus gallinae)* (Abb. 13), die vor allem in Hühnerbeständen auftritt. Die Stiche dieser Milben verursachen heftigen Juckreiz, was in den Geflügelstallungen zur massiven Unruhe, Nervosität und hohem Geräuschpegel führt. Darüber hinaus kommt es zu Schäden am Federkleid (Abb. 26), Durchfallerkrankungen, Blutarmut

Tab. 25 Wichtige für die Nutztierhaltung bedeutende Räudeformen (ECKERT et al. 2005)

Milbenart	Betroffene Nutz-/Haustiere	Räudeform
Psoroptes ovis	Schaf	Körperräude
Psoroptes bovis	Rind	Körperräude
Psoroptes cuniculi	Kaninchen	Ohrräude
P. cuniculi	Ziege, Pferd, Schaf	Ohrräude
Chorioptes bovis	Rind	Schwanzräude
C. bovis	Pferd, Schaf	Fußräude
C. bovis	Ziege	Rückenräude
Otodectes cynotis	Hund, Katze	Ohrräude
Demodex canis	Hund, Rind, Ziegen	Haarräude

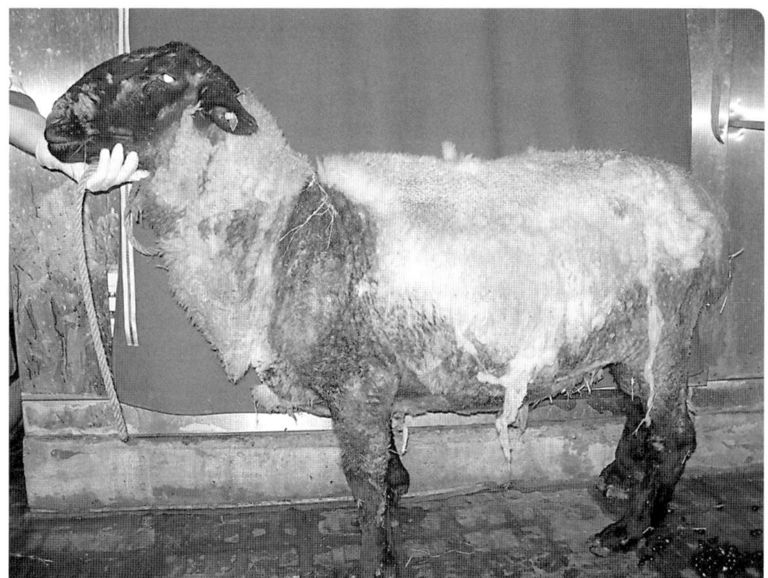

Abb. 28
Räudemilben.
oben: Körperräude beim Schaf,
unten: Hauträude beim Huhn.

mit einhergehendem Nachlassen der Lege- und Mastleistung, was zu hohen wirtschaftlichen Schäden führen kann.

Immer mehr häuft sich in jüngster Vergangenheit in der Geflügelhaltung das Auftreten der Nordischen Vogelmilbe *(Ornithonyssus sylviarum)*, die vor allem von Mäusen und Ratten in die Geflügelbestände getragen werden. Krankheitsbild und Schadwirkung entsprechen denen der Roten Vogelmilbe.

Nicht vernachlässigt werden dürfen in diesem Zusammenhang die Räudemilben (Abb. 27). Die wichtigsten im landwirtschaftlichen Betrieb auftretenden Räudemilbenarten sind in Tabelle 25 zusammen-

werden) oder die Zunahme von Zucker. Dadurch gehen Produkteigenschaften verloren. Wenn Getreide oder Mehl von Schädlingen befallen ist, können sich die Backeigenschaften hinsichtlich Volumen, Aroma, Krumenfarbe, Geruch und Geschmack so negativ verändern, dass ein Verzehr unmöglich wird. Darüber hinaus können auch organoleptische Eigenschaften wie Geruch oder Geschmack nachhaltig gestört werden, sodass ein Verbrauch weder für Mensch noch für Tier zumutbar ist.

Fraßschäden durch Schädlinge führen aber nicht nur zu qualitativen sondern auch zu quantitativen Verlusten, denn für die weitere Verarbeitung unbrauchbar gewordene pflanzliche Erzeugnisse müssen in der Regel vernichtet werden. Hinzu kommen die Verluste, die durch die Nahrungsaufnahme von Schädlingen entstehen. Alleine Ratten vernichten weltweit pro Jahr 33 Millionen Tonnen Getreide. Die Welternährungsorganisation der UNO schätzt die jährlichen Verluste der weltweiten Getreideernte durch Vorratsschädlinge auf 10–20 %, davon 80 % durch Insekten, 10 % durch Vögel und Nagetiere sowie 10 % durch Pilze. Gerade nach der Ernte sind Getreide und viele Futtermittel für eine kleine Gruppe von Insekten und Milben ein begehrtes Nährmedium, zumal sie auch ihren Wasserbedarf daraus decken. Der quantitative Schaden hängt aber nicht nur von der Menge des gefressenen Gutes ab. Eine Ratte beispielsweise frisst im Monat etwa 1 kg Getreide, womit der Verlust dann 1 kg beträgt. Frisst diese Ratte aber Haferfocken, Maisgritz oder gar fertige Futtermittel, ist der Verlust weitaus größer, denn er beinhaltet jetzt auch die zu dieser Veredlungsstufe geleistete Arbeit. Hinzu kommt, dass es gerade bei Insekten Nahrungspräferenzen gibt. Ist Weizen vom Reiskäfer *(Sitophilus oryzae)* befallen, frisst er doppelt so viel wie bei Befall in Gerste.

3.2.2 Verluste durch Verschmutzungen und Verunreinigungen

Stoffwechselprodukte wie Kot und Urin stehen hier an erster Stelle. Eine einzige Maus scheidet pro Tag und Tier etwa 50 Kotkrümel aus, bei Ratten sind es bis zu 70 pro Tag und Tier. In Versuchen mit Reiskäfern und Rotbraunen Reismehlkäfern konnte nachgewiesen werden, dass der durch die Käfer verursachte Harnsäuregehalt befallenes Weizenmehl nach zwei Monaten und befallenen Mais nach vier Monaten unbrauchbar machten. Hinzu kommen Fremdstoffe wie Spinnfäden von Motten, Larven- und Puppenhäute von Käfern und Motten, tote Tiere oder Fraß- und Bohrlöcher an Samen, die das Produkt unbrauchbar machen können.

3.2.3 Folgeschäden und Sekundärschädlinge

Durch Schädlinge verursachte Schäden müssen aber nicht zwangsläufig direkt mit pflanzlichen Erzeugnissen zu tun haben. So haben Ge-

Tab. 27 Primär- und Sekundärschädlinge ganzer Getreidekörner (STEIN 1986)

Primärschädlinge	Sekundärschädlinge
Kornmotte *Nemapogon granellus*	Rotbrauner Leistenkopfplattkäfer *Cryptolestes ferrugineus*
Getreidekapuziner *Rhizopertha dominica*	diverse Milbenarten *Acari* spp.
Kornkäfer *Sitophilus granarius*	Getreideplattkäfer *Oryzaephilus surinamensis*
Reiskäfer *Sitophilus oryzae*	Mehlkäfer *Tenebrio molitor*
Maiskäfer *Sitophilus zeamais*	Schwarzer Getreidenager *Tenebrioides mauritanicus*
Getreidemotte *Sitotroga cerealella*	Rotbrauner Reismehlkäfer *Tribolium castaneum*
Khaprakäfer *Trogoderma granarium*	Amerikanischer Reismehlkäfer *Tribolium confusum*

spinstfäden von Mottenlarven und/oder Urin von Mäusen und Ratten zu erheblichen Schäden an Produktionseinrichtungen geführt. Kurzschlüsse, hervorgerufen durch Kondenswasserbildung an Spinnfäden der Mottenlarven sind bekannt geworden. Mäuse und Ratten nagen gerne an Elektrokabeln, was ebenso zu Kurzschlüssen führen kann.

Manche Schädlinge oder Mikroorganismen treten erst dann in Erscheinung, wenn andere Schadorganismen die Nahrung so verändert haben, dass auch sie in der Lage sind, an ihr zu fressen. Bei Massenbefall von Motten beispielsweise werden die an der Oberfläche lagernden Vorräte durch die Mottenlarven regelrecht zugesponnen. Das Getreide kann den bei der Lagerung entstehenden Wasserdampf nicht mehr an die Umgebungsluft abgeben, wodurch Schimmel entsteht. Jetzt kommen die Schädlinge zum Zuge, die sich bevorzugt von verschimmeltem Getreide ernähren (Sekundärschlädlinge, vgl. Tab. 15). Milben beispielsweise haben ein viel zu schwache Mundwerkzeuge, um ein intaktes Getreidekorn schädigen zu können. Auch sie sind auf Primärschädlinge angewiesen. Tabelle 27 gibt einen Überblick über Primär- und Sekundärschädlinge an Getreidekörnern.

3.3 Bewertung des Gefahrenpotenzals und Konsequenzen

Die bisherigen Ausführungen haben gezeigt, dass Schädlinge sowohl in der Tierhaltung als auch im Pflanzenbau über ein enormes Gefähr-

4 Schädlingsprophylaxe in der Landwirtschaft

Der erste Schritt zu einer erfolgreichen Schädlingsprophylaxe ist die Einsicht, dass Schädlinge für einen landwirtschaftlichen Betrieb eine ständige Gefahr darstellen und der Betrieb so geführt werden muss, dass Schädlinge nicht begünstigt werden. Die Prophylaxe umfasst somit die Maßnahmen, die das Auftreten von Schadorganismen im landwirtschaftlichen Bereich verhindern sowie eine Massenvermehrung unterbinden bzw. einschränken. Darüber hinaus werden in der Prophylaxe Mittel und Verfahren eingesetzt, die den Menschen in die Lage versetzen, Schädlingsbefall frühzeitig zu erkennen, damit bereits bei den ersten Anzeichen eines Befalles mit Gegenmaßnahmen reagiert werden kann. Das Thema Schädlingsbekämpfung war in der Vergangenheit in landwirtschaftlichen Betrieben oft nur eine anlassbezogene Maßnahme, weshalb die Prophylaxe keinen hohen Stellenwert hatte. Dies muss sich ändern, da die europäische Lebensmittelhygieneverordnung Schädlingsprophylaxe in der Primärproduktion explizit vorschreibt. Hinzu kommt, dass Schädlinge bei der Übertragung von Tierkrankheiten eine nicht zu unterschätzende Rolle spielen können.

4.1 Allgemeine Maßnahmen zur Prophylaxe

Wichtige und unabdingbare Voraussetzungen für eine effiziente Schädlingsprophylaxe in landwirtschaftlichen Betrieben sind Ordnung und Sauberkeit, was nur durch ein strenges Hygieneregime zu erreichen ist. Somit zählen die Reinigung und die Desinfektion zu den elementaren Grundvoraussetzungen aller prophylaktischen Maßnahmen, die überall dort durchzuführen sind, wo es zur Gefährdung des Betriebes durch Infektions-, Krankheits- und Seuchenerreger kommen kann. Mit der Reinigung und Desinfektion müssen schädigende Mikroorganismen so weit zurückgedrängt werden, dass die Gesundheit der Tiere und Pflanzen nicht beeinträchtigt wird und mögliche Infektionsketten unterbunden werden. Oft sind einfache Maßnahmen erfolgreich. Das Infektionsrisiko von Schwalbenkot z. B. kann durch unterhalb der Schwalbennester angebrachten Kotbrettern minimiert werden. Eine regelmäßige Reinigung und Desinfektion dieser Kotbretter ist selbstverständlich.

Wie in Kapitel 1 aufgezeigt spielen Nahrung, Temperatur und Feuchtigkeit für das Auftreten und die Entwicklung von Schädlingen eine besondere Rolle, sodass Prophylaxe zwangsweise auch an diesen Punkten ansetzen muss. Für die Entwicklung von vielen Schädlingen stellen Temperaturen zwischen 18 °C und 30 °C optimale Bedingun-

Abb. 29
Tote Ratten auf Misthaufen.

gen dar (vgl. Tab. 5 und 6). Demzufolge führen alle Maßnahmen zur Temperaturabsenkung möglichst unter 12 °C zu einer Verringerung der Schädlinge. Ähnlichen Einfluss auf das Leben von Schadorganismen hat die Feuchtigkeitsreduzierung, da viele Insekten an Feuchtigkeit gebunden sind. Trockenheit führt bei Schädlingen wie Moderkäfern oder Vorratsmilben zur Unterbrechung der Lebenszyklen. Hinzu kommt, dass Trockenheit in Verbindung mit einer guten Luftzirkulation auch Schimmel verhindert und dadurch Schimmelfressern die Nahrung entzieht. Wichtig ist es, den Schädlingen im landwirtschaftlichen Bereich die Nahrung zu entziehen. Denn alles, was an die Nutztiere verfüttert wird und sogar deren Kot, ist für Schädlinge eine mögliche Nahrungsquelle. Wichtig ist Sauberkeit und Ordnung, denn Schädlinge können sich auch von Resten am Futtertrog oder von versehentlich verschüttetem Getreide ernähren. Wenig oder schlechte Nahrung beeinträchtigt zudem die Vermehrungsfähigkeit und kann Entwicklung sowie Massenvermehrung nachhaltig beeinträchtigen. Ebenso wichtig ist es, die Futtermittel, das für die Einstreu vorgesehene Stroh aber auch das Erntegut vor Kot von Vögeln und Nagern zu schützen, denn gerade Kot kann eine Vielzahl von pathogenen Keimen wie z. B. Salmonellen enthalten (s. Seite 50).

Ein vielfach unterschätzter Faktor bei der Prophylaxe im landwirtschaftlichen Bereich ist das Abfall- und Mistmanagement. Während man in Lebensmittelbetrieben in Verbindung mit Schädlingen vielfach schon mit organischen Abfällen Probleme hat, kommt im Nutztierbereich Mist und Gülle hinzu. So ist bei der Schädlingsprophylaxe selbst bei Abfällen peinliche Sauberkeit und eine sorgfältige Beseitigung unabdingbar. Mist- oder Dunghaufen müssen vorschriftsmäßig, möglichst weit weg von Stallungen und Wohnumfeld angelegt und einschließlich der Gülle regelmäßig abgefahren werden. Zur Prophylaxe sollten Misthaufen regelmäßig mechanisch umgesetzt werden, damit Larven und Puppen der Fliegen durch die dadurch geförderte Hitzeentwicklung verenden. Tote Ratten gehören nicht auf einen Misthaufen, denn Mist ist ohnehin schon ausgesprochen attraktiv für Schädlinge und muss nicht noch mit Kadaver eine weitere Attraktivitätssteigerung erfahren (Abb. 29).

4.2 Prophylaktische Maßnahmen gegen Schadnager

4.2.1 Begleitende Maßnahmen

Am Anfang aller Prophylaxemaßnahmen gegen Mäuse und Ratten müssen verschlossene und nach unten dicht schließende Türen und Tore stehen, um so die Zuwanderung in Stall, Scheune und/oder Lager zu verhindern. Defekte alte Holztüren (Abb. 30) ermöglichen den freien, ungehinderten Zulauf und sollten gegen eine fest schließende Metalltür ausgetauscht werden. Ein 100 % zulaufsicheres Gebäude wird es in der Landwirtschaft trotz aller Gegenmaßnahmen sicher nicht geben, aber man sollte zumindest den ungehinderten Zulauf unterbinden. Als zweites sollte man wissen, welches die typischen Aufenthaltsorte sind. Hausratten treten selten außerhalb von Gebäuden auf. Am beliebtesten sind Scheunen, Mühlen, Lagerhäuser und Dachböden. Wanderratten hingegen leben vorwiegend außerhalb von Gebäuden an Mist- und Abfallplätzen, in der Nähe von Gewässern sowie im Umfeld von Stallungen. Rattenbauten erkennt man sehr gut an mehreren, beieinander liegenden offenen Löchern (Abb. 30). Hausmäuse bevorzugen das Innere von Gebäuden, z. B. warme und trockene Bereiche in Zwischenwänden und -böden, aber auch Lagerräume für Futter, Stroh oder Getreide. Feldmäuse hingegen sind draußen in Wiesen und Äckern zu finden. Abbildung 32 zeigt Zugänge von Feldmausbauten in einer Wiese. Ratten und Mäuse haben ferner den Vorteil, dass sie ihre Anwesenheit durch Kot-, Fraß- und Laufspuren relativ schnell verraten. Während Mäusekot für das ungeübte Auge erst auf den zweiten oder dritten Blick zu erkennen ist, dürfte das Erkennen von Rattenkot keine große Schwierigkeit sein (Abb. 33). Allein eine Ratte gibt im Monat etwa 2000 solcher Kotbrocken und 500 ml Urin ab. Durch einen raschen Stoffwechsel scheiden Hausmäuse pro Tag und Tier mehr als 50 Kotkrümel und beträchtliche Mengen an Urin aus, zumal mittels Urin auch die Reviere gekennzeichnet werden. Bedingt durch diese beträchtlichen Mengen an Stoffwechselprodukten wird es im Laufe der Zeit zwangsläufig auch zu einem stechenden und beißenden Geruch kommen, was u. a. ein Indiz für einen Befall mit Nagern ist. Kotspuren von Nagern sollten regelmäßig entfernt werden, um so besser

Abb. 30
Defekte Türen sind für Schadnager kein Hindernis.

Abb. 31
Eingangsbereich von Rattenbauten an Güllebecken.

Abb. 32
Eingangsbereich von Feldmausbauten und Laufwege.

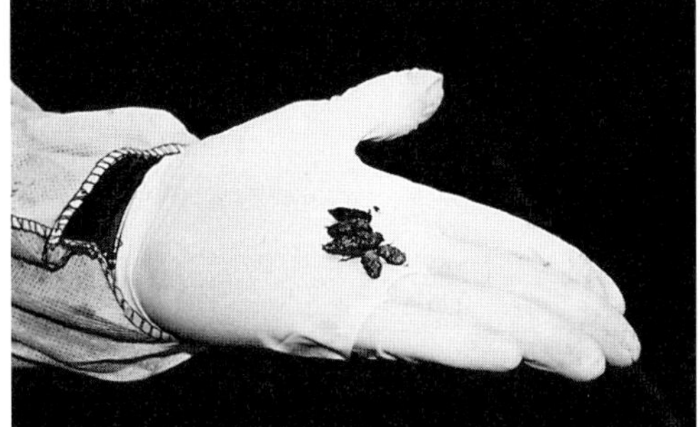

Abb. 33
Rattenkot – auch für das ungeübte Auge leicht zu erkennen.

kontrollieren zu können, ob und inwieweit der Befall zu- oder abnimmt. Sowohl Ratte als auch Maus verfügen über einen ausgesprochen guten Appetit, sodass Fraßspuren an Jute- und Papiersäcken, an Kartonagen, Futtermittel, Saat- oder Erntegut bei Befall nicht zu übersehen sind. Daneben werden täglich neue Nagespuren an harten Gegenständen wie Beton, Holz, Metall, Licht- und Wasser- sowie Stromleitungen zu finden sein, denn die Schneidezähne aller Nagetiere unterliegen einem ständigen Wachstumsprozess. Das Benagen harter Gegenstände sorgt dafür, dass diese in der richtigen Länge und messerscharf bleiben. Aber auch weiche Gegenstände wie Verpackungsmaterialien und Isolationsschichten werden angefressen, da sie zum Nestbau benötigt werden. Ratten und Mäuse werden nackt geboren und brauchen daher wärmendes Material im Nest. Sie werden einen offenen Raum nur zur Flucht durchqueren und sich unter normalen Umständen entlang von Wänden oder Mauervorsprüngen bewegen. Diese Laufwege werden mit der Zeit streifig und speckig. Hinzu kommt, dass bei Mäuse- und/oder Rattenbefall am Boden oder an der Wand auf den Laufwegen keine Spinnweben vorhanden sind.

4.2.2 Biotechnische Maßnahmen

Allerdings sollte man nicht so lange warten, bis sich erste Befallsspuren von Schadnagern zeigen. Zur Prophylaxe werden hier zunächst im Außenbereich um alle Gebäude herum Rattenköderboxen in Abständen von 10–15 m positioniert. Je nach Lage und Befallsdrucks kann es sinnvoll sein, solche Köderboxen in einem zweiten Ring auch entlang der Grundstücksgrenze zu positionieren, um Schadnager bereits hier abzufangen. Abbildung 34 zeigt eine Auswahl verschiedener am Markt befindlicher Rattenköderboxen, die es in Versionen aus Metall, Kunststoff und Holz gibt. Gerade die Holzkiste im Bild links zeichnet sich durch eine hohe Attraktivität auf Wanderratten aus. Nicht beschichtete Metallboxen haben im Sommer den Nachteil, dass sie durch die Sonneneinstrahlung sehr heiß und von Mäusen und Ratten nicht angenommen werden, da das heiße Metall Schmerzen an den Füßen verursacht. Im zweiten Schritt werden dann im Innenbereich Mäuseköderboxen in Abständen von 5–10 m positioniert. Abbildung 35 zeigt eine Auswahl der am Markt befindlichen Mäuseköderboxen, die es aus Pappe oder Kunststoff gibt. Während die Pappversionen für trockene Bereiche wie Scheunen gedacht sind, werden die Kunststoffversionen in feuchten Bereichen, wie zum Beispiel in Nutztierstallungen eingesetzt. Sowohl Ratten- als auch Mäuseköderboxen werden mit Köderblöcken bestückt, die von den Nagern angefressen werden und bei der Kontrolle der Boxen einen Hinweis auf Befall geben. Abbildung 36 zeigt solche in der Prophylaxe und Bekämpfung eingesetz-

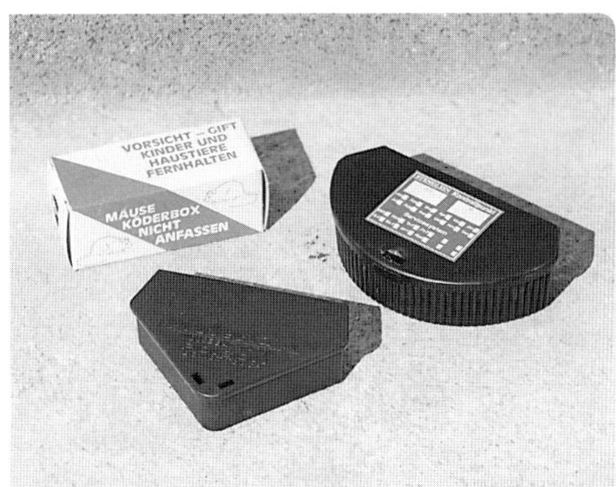

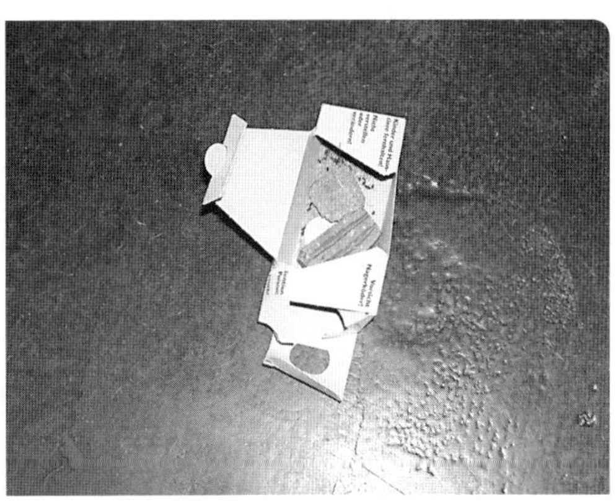

ten Köderblöcke. Abbildung 37 zeigt eine Mäuseköderbox mit angefressenen Köderblöcken und Kot, was ein sicheres Indiz für Befall ist. Mit dieser Methode können bei Schadnagern die Befallsareale, die Befallsintensität sowie das Befallsaufkommen generell festgestellt werden. Keinesfalls dürfen in diesem Zusammenhang Granulatköder eingesetzt oder die Blöcke offen ohne Boxen ausgelegt werden, da bei dieser Köderart die Gefahr der Verschleppung von toxischen Substanzen besteht. Ebenfalls sollten die Boxen so positioniert werden, dass sie von Nutztieren nicht erreicht werden können. Zwar gibt es zur reinen Erfassung von Schadnagern auch nicht toxische Köder, die aber aus Autorensicht wenig Sinn machen, da sie Ratten und Mäusen bei langen Kontrollrhythmen (zwei bis drei Tage oder mehr) zu viel Zeit zur Entwicklung lassen. Bei täglicher Kontrolle hingegen sind diese nichttoxischen Köder oder Schlag- und Lebendfallen bei Mäusen durchaus sinnvoll. Bei Befall kann dann nämlich sofort auf die wirkungsvolleren toxischen Gegenmaßnahmen umgestellt werden.

Abb. 34 Links oben: Auswahl von Rattenköderboxen.

Abb. 35 Rechts oben: Auswahl von Mäuseköderboxen.

Abb. 36 Links unten: Köderblöcke für Schadnager.
Links: Kein Befall,
Mitte: Leichter Befall mit Mäusen,
Rechts: Starker Befall durch Mäuse.

Abb. 37 Rechts unten: Mäuseköderbox mit Fraß- und Kotspuren.

4.3 Prophylaktische Maßnahmen gegen Fliegen

Fliegen nachhaltig auszurotten ist in der Landwirtschaft praktisch unmöglich. Ziel ist eine Dezimierung der Populationen sowie eine Kontrolle des Fliegenbesatzes durch rechtzeitiges Eingreifen inklusive Prophylaxe. Insbesondere bei Fliegen ist es bedingt durch die extrem hohen Vermehrungsraten besonders wichtig, im Vorfeld Maßnahmen zu ergreifen.

4.3.1 Begleitende Maßnahmen

Da Fliegen zur Aufzucht ihrer Brut ein feuchtes Milieu benötigen, sind alle Maßnahmen, die Feuchtigkeit unterbinden, ein wichtiger Baustein in der Prophylaxe, denn die Vermeidung von feuchten Stellen, Ecken oder Winkeln sorgt für die Eliminierung von idealen Brutstätten. Vermieden werden sollten undichte Tränken sowie Wasserzu- und -ableitungen oder offen zugängliche Wasserstellen. Fliegen können selbst feuchtes Futter zur Brut nutzen, sodass auch dieser Aspekt bei der Futterlagerung und Verfütterung zu berücksichtigen ist.

Neben der Vermeidung von Feuchtigkeit ist der Faktor Reinigung und Sauberkeit ein wichtiger Baustein in der Prophylaxe gegen Fliegen. Dazu gehört, dass Hof, Stall und Futtertröge regelmäßig gereinigt werden. Feuchte Dreckecken, ungeordnete Festmistplätze sowie Flüssigmistdeponien mögen für das Auge des einen oder anderen Landwirtes zum normalen landwirtschaftlichen Betrieb gehören, für Fliegen sind diese aber geradezu ideale Brutstätten. Keinesfalls vernachlässigen darf man Schwimmdecken der Gülle. Diese sollten spätestens alle 14 Tage entfernt und die Kanäle gespült werden. Doch nutzen diese Maßnahmen wenig, wenn die Unterseiten der Spalten vergessen werden. Zu diesen Maßnahmen zählt auch das Mistmanagement. Vorschriftsmäßiges Anlegen von Abfall- und Misthaufen, die möglichst weit weg von Stallungen sein sollten, und eine regelmäßige Abfuhr helfen, das Problem in Grenzen zu halten. Misthaufen können darüber hinaus fliegenfeindlich gestaltet werden, in dem man sie regelmäßig umsetzt, sodass im Mist befindliche Fliegenlarven und -puppen abgetötet werden. Hilfreich ist es auch, wenn Misthaufen und Bioabfalltonnen an schattigen und kühlen Stellen stehen.

4.3.2 Biotechnische Maßnahmen

Ein Beispiel für eine biotechnische Maßnahme gegen Fliegen ist das an Fenstern und Türen zu montierende Fliegengitter, das den Zuflug von außen verhindert. Der schon seit Anfang des letzten Jahrhunderts in Speisekammern und Vorratsschränken genutzte Fliegendraht erlebt heute mit den aus Kunststoff gefertigten Insektenschutzgittern eine Renaissance. Aber auch Türen können so gesichert werden, dass Fliegen weder beim Betreten noch beim Verlassen des Stalles eine

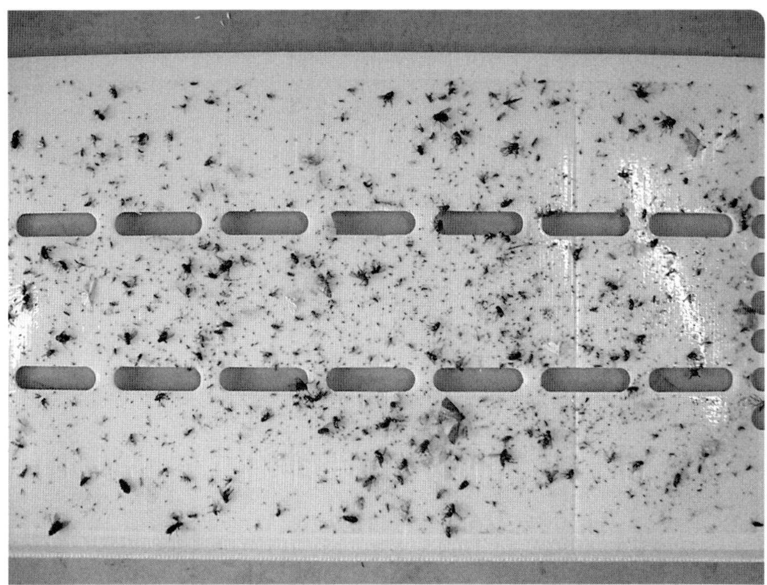

Abb. 38
Klebefolien an einer UV-Insektenfanglampe.

Möglichkeit des Zuflugs haben. Für die Lebensmittelverarbeitung ist dies seit Jahren per Gesetz (Verordnung EG Nr. 852/2004) vorgeschrieben und auch schon in der alten nationalen Lebensmittelhygieneverordnung waren Insektenschutzgitter gefordert.

Ein weiteres Beispiel sind UV-Insektenfanglampen. Moderne Geräte mit modernen UV-Hochleistungsröhren haben einen Wirkungsradius von mehreren hundert Quadratmetern, können aber auf die jeweiligen Räumlichkeiten angepasst werden. Die Fliegen werden durch ultraviolettes Licht auf eine Klebefolie gelockt (Abb. 38). Von dieser Folie gibt es kein Entrinnen mehr. Ob und inwieweit es sinnvoll ist, diese Geräte direkt in Stallungen mit hohem Fliegenbesatz einzusetzen, muss im Einzelfall entschieden werden. Bei zu starkem Befall ist es möglich, dass die Klebefolien mehrmals täglich gewechselt werden müssen, was unter Umständen unwirtschaftlich wäre. Bei mäßigem Befall sowie in Vor- und Nebenräumen von Stallungen sind diese Geräte in jedem Fall auch für den landwirtschaftlichen Betrieb geeignet. In Obst- und Weinbaubetrieben können diese UV-Lampen ebenfalls genutzt werden, zusätzlich gibt es hier aber spezielle Fallensysteme, die z. B. Wespen und Essigfliegen über eine attraktive Flüssigkeit in eine Falle locken.

Als weitere Maßnahme gegen Fliegenbefall haben sich zur Prophylaxe auch die schon seit längerer Zeit am Markt befindlichen Fliegenköder bewährt. Diese werden im Spritz- oder Streichverfahren bzw. als Streuköder ausgebracht. Lockstoffe locken die Fliegen an diese Köder, von denen sie fressen und dann verenden. Nach ähnlichem Prinzip arbeiten Leimbänder. Hier werden die Insekten oft zusätzlich mit einer für Fliegen interessanten gelben Farbgebung und über einen Lockstoff auf eine Leimfläche gelockt.

Ausgesprochen interessant sind die so genannten Larvizide. Aufgrund vonr Forschungen ist mittlerweile bekannt, dass die Jugendentwicklung bei Insekten und die damit verbundene Häutung über Hormone gesteuert werden. Ein Insekt kann den Wachstumsprozess nur über Häutungen vollziehen, da sie über eine feste Außenhaut verfügen, die beim Wachsen zu eng wird und dann abgestreift werden muss. Die neue Haut, zunächst nach der Häutung noch sehr weich, wird über die Zufuhr von Chitin aus dem Körperinneren gehärtet. Durch eine externe Zufuhr von künstlichen Hormonen kann man diese Zufuhr von Chitin unterbinden. Das Tier ist dann nicht mehr lebensfähig und verendet. Diese „Wachstumsregulatoren“ lassen sich gezielt im Kampf gegen Fliegen einsetzen, denn ohne eine vollständige Larvalentwicklung kann es bei Fliegen nicht zu ausgewachsenen, geschlechtsreifen Tieren kommen. Das eigentliche Problem des Fliegenbefalles, die enorme Nachkommenschaft, wird dadurch gezielt bekämpft und der Entwicklungszyklus bereits in einem frühen Stadium nachhaltig unterbrochen. Allerdings muss bei der Ausbringung dieser Larvizide genau geprüft werden, wo die entsprechende Fliegenart brütet. Bleibt nur eine Brutstätte unberücksichtigt, ist damit ein potenzielles Reservoir für einen Neubefall gegeben.

4.3.3 Chemische Maßnahmen

Da Fliegen insbesondere im Nutztierbereich ein massives Problem darstellen, kommt man nicht umhin, auch chemische Insektizide einzusetzen. Bei den Insektiziden, die sich gegen die adulten Stadien richten, gibt es Aerosole, die in die Raumluft abgegeben werden, aber auch Mittel, die als Belag auf Wand- und Deckenflächen aufgetragen werden und als Kontaktmittel wirken. Wichtig ist, dass sich adulte Fliegen nur zu 20 % im oberen Stallbereich aufhalten, 80 % sind unter den Spalten. Bei der Ausbringung sollte daher zuerst unter den Spalten gesprüht werden, um die Fliegen aufzujagen. Vor der Anwendung von Wand- und Deckenspritzmitteln muss auf Sauberkeit geachtet werden, denn Schmutz, Staub und Feuchtigkeit kann die Effizienz dieser Produkte beeinträchtigen. Beim Einsatz solcher Produkte ist darauf zu achten, dass Mensch, Nutztier und Umwelt nicht gefährdet werden. Der Einsatz chemisch-synthetischer Insektizide zur Prophylaxe und Bekämpfung muss, um Fehlanwendungen zu vermeiden, immer streng nach den Herstellerangaben erfolgen.

Mittlerweile wurde auch ein Stallspritzmittel mit natürlichen Wirkstoffen entwickelt, das allerdings in Deutschland noch nicht am Markt ist. Mit seiner hohen Effizienz auch gegenüber Fliegen stellt dieses Stallspritzmittel eine echte Alternative dar. Das Präparat ist aufgrund seiner natürlichen, völlig neuartigen physikalischen Wirkungsweise frei von Resistenzbildungen und beseitigt auch Insekten, die gegen herkömmliche Insektizide bereits resistent sind. Das biologische Präparat ist auch in einer Gel-Formulierung erhältlich, das auf Wände und Decken aufgetragen werden kann und Fliegen nach dem Absitzen auf diesen Flächen abtötet. Weitere Einzelheiten und Informationen zu Wirkstoffen und verschiedenen Wirkungsweisen zu Insektiziden sind in Kapitel 5 zu finden.

4.3.4 Biologische Maßnahmen

Biologische Maßnahmen sind ein kontrollierter und gezielter Einsatz von Nützlingen gegen Schädlinge. Schon seit mehreren Jahren werden vor allem zwei Nützlinge gegen Fliegen eingesetzt:

- Gülle- oder Killerfliege im Flüssigmist *(Ophyra aenescens)*
- Schlupfwespen in Tiefmist und trockenem Festmist (Arten der Gattungen: *Nasonia, Muscidifurax, Spalangia*)

Werden diese biologischen Gegenspieler in großer Anzahl an den Brutstätten der Fliegen ausgesetzt, kann man die Fliegenpopulationen auf natürliche Weise nachhaltig dezimieren. Da diese Nützlinge sich aber ausschließlich von den Larven und Puppen der verschiedenen Fliegenarten ernähren und damit das Auftreten adulter Stadien unterbinden, sollen sie hier im Rahmen der Prophylaxe besprochen werden. Eine Ansiedlung der Nützlinge kann grundsätzlich das ganze Jahr erfolgen, wobei es sich allerdings empfiehlt, beim ersten Auftreten von Fliegen im zeitigen Frühjahr zu beginnen. Liegt bereits ein hoher Befall an Fliegen vor, sollte zwei Tage vor dem Nützlingseinsatz eine Insektizidbehandlung gegen die adulten Stadien der Fliegen erfolgen. Während und nach der Ansiedlung von Nützlingen muss auf den Einsatz von Insektiziden natürlich verzichtet werden, da diese Mittel auch die biologischen Gegenspieler töten würden.

Güllefliegen (*Ophyra aenescens*)

Güllefliegen werden im Labor unter kontrollierten Bedingungen gezüchtet und im Puppen- und Larvenstadium in Versandhülsen verschickt. Diese Hülsen werden an geeigneten Stellen z. B. in der Nähe des Unterflurbereiches ausgesetzt. Die innerhalb von etwa fünf Tagen schlüpfenden Güllefliegen suchen selbstständig die Stallfliegen-Brutstätten auf und beginnen nach kurzem Reifungsfraß mit Paarung und Eiablage. Die Larven der Güllefliege haben im Prinzip die gleiche Nahrungsgrundlage wie die Stubenfliegenlarven, decken aber ihren relativ hohen Eiweißbedarf zusätzlich mit Stallfliegenlarven ab. Alleine eine einzige Larve der Güllefliege kann bis zu 20 Stallfliegenlarven aussaugen und hat daher auch den Beinamen Killerfliege erhalten. Die adulten Stadien der Güllefliege sind äußerst ortstreu und flugträge und halten sich am liebsten an dunklen, warmen und feuchten Stellen auf. Diese Fliegenart lebt also verborgen und belästigt daher weder Mensch noch Nutztier, spielt als Krankheitsüberträger keine Rolle und ist damit für den Einsatz im landwirtschaftlichen Betrieb geradezu prädestiniert.

Schlupfwespen
(Arten der Gattungen: *Nasonia, Muscidifurax, Spalangia*)
Auch Schlupfwespen werden im Labor unter kontrollierten Bedingungen gezüchtet und im Puppenstadium in Versandhülsen verschickt. Diese Hülsen werden an geeigneten Stellen bzw. in der Nähe von Fliegenbrutstätten aufgehängt. Das direkte Ausstreuen der Puppen an den Brutstellen von Fliegen hat sich zwar ebenfalls bewährt, es sollte allerdings darauf geachtet werden, dass die druckempfindlichen Puppen von den Nutztieren nicht zerquetscht werden. Die aus den Puppen schlüpfenden Schlupfwespen sind nachtaktiv, halten sich bevorzugt in der Einstreu auf und begeben sich nach dem Schlüpfen sofort auf die Suche nach Stallfliegenpuppen. Die Weibchen legen ihre Eier in die Puppen der Stallfliege. Die sich dann entwickelnden Larven ernähren sich von den Stallfliegenlarven, wobei eine einzige Schlupfwespe 35–200 Puppen der Stallfliegen töten kann. Auch dieses Verfahren ist für den landwirtschaftlichen Nutztierbereich ideal.

4.4 Prophylaktische Maßnahmen gegen Motten

Zwar treten Motten im landwirtschaftlichen Bereich nicht so massiv wie Fliegen auf und zählen auch nicht zu den klassischen Krankheitsüberträgern, dennoch können sie in der Landwirtschaft sowohl in der Nutztierhaltung als auch im Pflanzenanbau auftreten und Probleme bereiten, sodass auch hier Prophylaxe sinnvoll und angebracht ist.

4.4.1 Begleitende Maßnahmen

Da für Motten hohe Temperaturen mit ca. 30 °C und hohe Luftfeuchtigkeit mit einer relativen Feuchte von bis zu 70 % ideale Entwicklungsbedingungen darstellen, sind alle Maßnahmen, die diese Idealwerte verhindern, dazu geeignet, vorbeugend zu wirken. Häufiges Lüften reicht oft schon aus, um dies zu erreichen. In Lebensmittelbetrieben und Mühlen geht man mittlerweile dazu über, die gefährdeten Räumlichkeiten mit Thermometern und Hygrometern zu überwachen, um ein mottenfeindliches Raummilieu gewährleisten zu können. Aber nicht nur hohe Luftfeuchtigkeit begünstigt Motten, sondern auch Wasser selbst, denn durch die Aufnahme von Wasser erhöht sich die Anzahl der abgelegten Eier von 400 auf 600 und die Lebenserwartung von zwei auf drei oder vier Wochen. Das Vermeiden von Wasseransammlungen oder tropfenden Wasserleitungen ist somit auch ein wichtiges Instrument, um die Entwicklung von Motten zu beeinträchtigen.

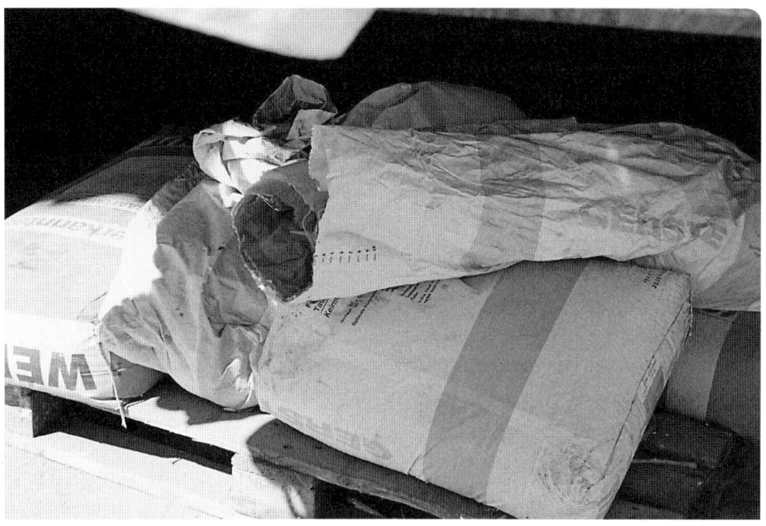

Abb. 39
Offene Saatgutsäcke – einladend für alle Schädlinge.

Insektenschutzgitter an Türen und Fenstern verhindern auch hier den Zuflug von außen. Es ist allerdings darauf zu achten, dass diese Insektenschutzgitter regelmäßig gereinigt werden, denn in den Gittern hängender Getreide- oder Futtermittelstaub kann den Mottenlarven wiederum als Nahrung dienen.

Eine sorgfältige Reinigung der Räumlichkeiten und landwirtschaftlicher Gerätschaften ist ebenso wichtig. Offene Futtermittel- oder Saatgutsäcke, wie in Abbildung 39 dargestellt, begünstigen Motten und andere Schädlinge.

4.4.2 Biotechnische Maßnahmen

Wer keine Sprache hat, muss nicht zwangsläufig stumm sein, denn von Insekten weiß man, dass sie über chemische Duftsignale (Pheromone) kommunizieren. So waren bereits Anfang der 80er-Jahre des letzten Jahrhunderts mehr als 300 Signalstoffe von rund 700 Insektenarten bekannt. Bei Schmetterlingen beispielsweise, wozu auch die Motten zählen, geben die Weibchen bei Paarungsbereitschaft einen für den Menschen nicht wahrnehmbaren Duft ab, der das Männchen selbst aus großer Entfernung zielsicher zum Weibchen führt. Mittlerweile ist man in der Lage, diese Pheromone künstlich herzustellen und in der Schädlingsprophylaxe und -bekämpfung zu nutzen. Heute sind mehr als 80 Schadinsektenlockstoffe für die Praxis in Forst- und Landwirtschaft und für die Schädlingsbekämpfung verfügbar.

In der professionellen Prophylaxe gegen Motten werden heute sehr erfolgreich Sexualpheromone eingesetzt, die die männlichen Insekten in Fallensysteme lockt. Dadurch erkennt man, ob ein Befall vorliegt oder nicht und kann evtl. schnell darauf reagieren. Abbildung 40 und 41 zeigen die gängigsten Fallensysteme. Vorteilhaft ist,

Abb. 40
Links: Mottenfalle (Trichterfalle).

Abb. 41
Rechts: Mottenfalle (Deltafalle) mit starkem Befall Dörrobstmotten.

dass mit nur einem Pheromon die wichtigsten Lebensmittelmotten (Speichermotte, Dörrobstmotte und Mehlmotte) erfasst werden können. Neben den Pheromonen wirkt bei der Deltafalle (Abb. 41) auch die Leimfläche attraktiv und anziehend. Erwachsene Mottenfalter nehmen nämlich keine Nahrung mehr zu sich und sind nur noch darauf bedacht, an Flüssigkeiten heranzukommen. Die flüssigen Substanzen im Leim locken die Mottenfalter an, sodass sich auch Leimtafeln alleine zur Prophylaxe nutzen lassen, wenn man das Fallensystem optimieren will. Ein Mehr an Pheromonfallen wäre nicht sinnvoll, denn ein erhöhter Pheromongehalt in der Luft wirkt verwirrend auf die Männchen, sodass die Fallensysteme überhaupt nicht mehr gefunden werden. Neben der Befallsfrüherkennung in der Prophylaxe lassen sich Pheromonfallen auch zur Befallslokalisierung und -identifizierung nutzen. Darüber hinaus eignen sie sich zur Kontrolle nach einer Bekämpfung.

Nachteilig ist, dass diese Sexualpheromone nur die Männchen anlocken, nicht aber die Weibchen, womit eine nachhaltige Unterbrechung des Entwicklungszyklus von Motten mit diesen Systemen alleine nicht möglich ist. Relativ neu am Markt sind Mottenfallen, die auf einem Eiablageköder basieren. Durch intensive Forschungsarbeiten hat man herausgefunden, dass sich Mottenweibchen bei der Eiablage von bestimmten Gerüchen leiten lassen und zur Eiablage nur solche Orte aufsuchen, an denen diese Gerüche vorherrschen. Diese Geruchsubstanzen lassen sich inzwischen künstlich auf chemischem Wege herstellen und so für Prophylaxe und Bekämpfung nutzen. In Kombination von Fallen für Männchen und Weibchen ist nun auch eine nachhaltige Dezimierung einer Mottenpopulation möglich.

4.5 Prophylaktische Maßnahmen gegen Schaben

4.5.1 Begleitende Maßnahmen

Wie immer in der Schädlingsbekämpfung spielt die Reinigung eine zentrale Rolle. Insbesondere wenn es sich um Orientalische Schaben handelt, die sich gerne in den Kanalsystemen von Rinder- und Schweineställen ansiedeln, sollten diese Systeme regelmäßig gereinigt werden. Auch Futtertröge dürfen nicht vergessen werden, denn in Wasser gelöste Futtermittelreste bieten Schaben eine ideale Nahrungsgrundlage. Unbedingt zu vermeiden sind über Nacht stehende Wasseransammlungen oder feuchte Stellen, da Schaben in der Lage sind, sich alleine von Wasser zu ernähren. Defekte Wasserleitungen oder tropfende Wasserhähne müssen so zwangsläufig vermieden werden. Fatal sind bauliche Mängel wie Wandrisse und -fugen, die den lichtscheuen Tieren dunkle Refugien bieten. Wasserzu- und -ableitungen sind meistens recht großzügig im Mauerwerk verlegt und bieten Schaben ebenso wie Türzargen ideale Aufenthaltsorte. Daher sollte man wo möglich Hohlräume vermeiden oder diese zumindest abdichten.

4.5.2 Biotechnische Maßnahmen

Es besteht die Möglichkeit, Schaben bei ihren nächtlichen Aktivitäten zu beobachten. Hierzu muss man allerdings ab etwa 22.00 Uhr in die vermuteten Befallsareale schleichen, um eventuelle Befallsherde zu entdecken. Nächtliche Unruhe im Stall kann aber bereits ein Indiz für einen Befall sein.

Als Prophylaxe empfiehlt sich der Einsatz von Schabenfallen. In Abbildung 42 sind verschiedene Modelle aus Pappe und Kunststoff zu sehen. Ein auf Schaben hoch attraktiver Lockstoff zieht die Insekten während der nächtlichen Aktivitätsphasen auf eine Klebefläche, von der es kein Entrinnen mehr gibt. Abbildung 43 zeigt eine Falle mit starkem Befall von Deutschen Schaben. Übrigens können diese Schabenfallen auch zur Prophylaxe gegen Heimchen und Motten eingesetzt werden.

4.6 Prophylaktische Maßnahmen gegen Käfer

In und an Getreide lebende Käfer können mit einer Käferfalle, die aus einem siebförmigen Stab besteht, überwacht werden. Dieser Stab

Abb. 42
Links: Auswahl an Schabenfallen.

Abb. 43
Rechts: Schabenklebefalle mit starkem Befall Deutsche Schabe.

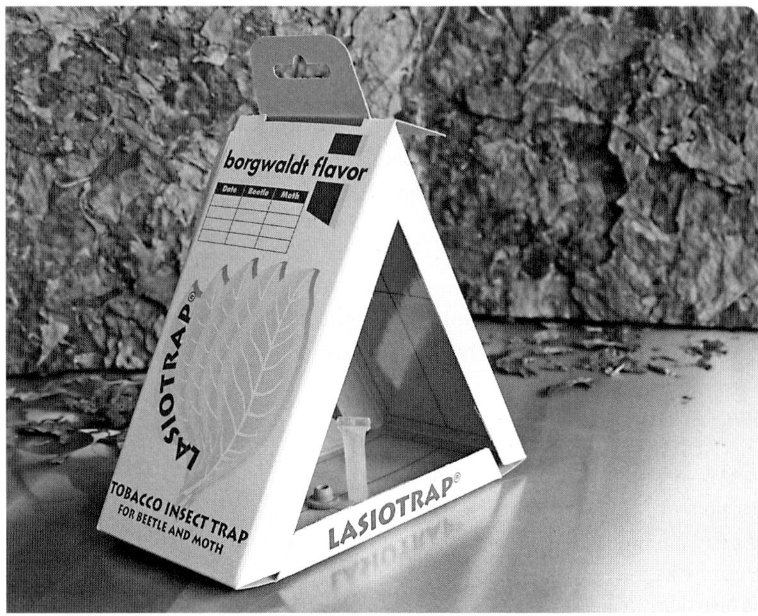

Abb. 44
Kombifalle Lasiotrap gegen Tabakkäfer und Lebensmittelmotten.

wird an verschiedenen Stellen in das lagernde Getreide gesteckt und wieder herausgezogen. Liegt Befall von Käfern vor, rutschen diese durch das reusenartige Sieb in den Stab und gelangen in einen unten am Stab befindlichen Auffangbehälter.

Speziell bei den Rüsselkäfern, die verborgen im Getreide leben, ist die seit Jahrzehnten praktizierte Wasserprobe möglich. Hierzu wird Getreide in ein Behältnis mit Wasser gegeben. Gesundes, intaktes Getreide sinkt auf den Boden des Behältnisses. Von Rüsselkäfern geschädigtes Getreide schwimmt an der Wasseroberfläche, was ein Indiz auf Befall ist. Verschiedene vorratsschädigende Käfer können auch mit Pheromonen überwacht werden. Tabelle 28 gibt einen Überblick, bei welchen Käfern das möglich ist.

Tab. 28 Wichtige vorratsschädigende Käfer, für die Pheromone erhältlich sind

Deutsche Bezeichnung	**Lateinische Bezeichnung**	**Befallenes Produkt**
Brotkäfer	*Stegobium paniceum*	Mehl, Getreideerzeugnisse
Getreidekapuziner	*Rhizopertha dominica*	Getreide
Getreideplattkäfer	*Oryzaephilus surinamensis*	Getreide
Khaprakäfer	*Trogoderma granarium*	Getreide
Reismehlkäfer	*Tribolium* spp.	Mehl, Getreide, Getreideerzeugnisse,
Tabakkäfer	*Lasioderma serricorne*	Tabak, Getreide, schimmeliges Getreide

Der Tabakkäfer *(Lasioderma serricorne)* befällt neben Rohtabaken und daraus hergestellten Produkten in letzter Zeit immer häufiger auch getrocknete Früchte, Mais, Weizen, Paprika und andere Gewürze. Daher sollte ein solcher Schädling, der schon lange nicht mehr zu den Nahrungsspezialisten zählt, auch in der Prophylaxe nicht gänzlich ignoriert werden. Mit den in Abbildung 44 dargestellten LASIOTRAP®-Kombifallen können nicht nur Tabakkäfer und -motten überwacht werden, sondern auch alle vorratsschädigenden Motten. Diese Kombifalle leistet damit auch in landwirtschaftlichen Betrieben einen wichtigen und preisgünstigen Beitrag für eine konzeptionell und komplex umgesetzte Prophylaxe.

4.7 Insektenschutzhalsband für Nutztiere

Mittlerweile wurde ein biologisches Insektenschutzhalsband für Nutztiere entwickelt, welches in Deutschland leider noch nicht am Markt verfügbar ist. Dieses Band, das mit einem in der EU notifizierten, biologischen Wirkstoff versehen ist, wird dem Tier um den Hals gelegt. Der Wirkstoff verteilt sich nach und nach selbstständig über das gesamte Tier und schützt so über einen Zeitraum von sechs Monaten im Stall und auf der Weide vor fliegenden und/oder stechenden Insekten. In Versuchen konnte nachgewiesen werden, dass der im Halsband enthaltene Wirkstoff nicht durch die Haut gelangt, was den Einsatz auch in der Nutztierhaltung ermöglicht.

4.8 Zauntechnik gegen Weidelästlinge

Ein neuer Ansatz in der Abwehr von fliegenden und stechenden Insekten in der Weidetierhaltung wurde vom Institut für Parasitologie und Tropenveterinärmedizin der Freien Universität Berlin entwickelt. Ein schwarzes, 100 cm hohes, mit einem Insektizid (Deltamethrin) getränktes und einem UV-Schutzfaktor vorbehandeltes Polyesternetz wurde von außen an vorhandenen Weidezäunen befestigt. Von den Versuchsflächen getrennte, ungeschützte Weideflächen dienten als Kontrollweiden. Ergebnis des Versuches war, dass die Tiere in den geschützten Weiden zu 40 bis 90 % weniger von Insekten befallen waren als die Tiere auf den ungeschützten Weiden und ein deutlich ruhigeres und ungestörteres Weideverhalten zeigten.

4.9 Prophylaxe gegen Ungeziefer bei Hunden und Katzen

Hunde und Katzen können sich auf dem Hof sowie im Umfeld des Hofes frei bewegen und haben sehr häufig auch Zugang zu den Stallungen. Da diese Vierbeiner von Flöhen sowie Zecken befallen werden können und dieses Ungeziefer dann unter Umständen in den Nutztierbereich verschleppen, sollte man auch hier geeignete Maßnahmen ergreifen. Abgesehen davon, dass man Hunden und Katzen den Zugang zu den Nutztierstallungen generell verwehren sollte, gibt es beim Tierarzt verschiedene Arzneimittel, die sehr gut gegen Ektoparasiten wirken und einen sicheren Schutz gewährleisten und damit im Rahmen einer umfassenden Prophylaxe unbedingt durchgeführt werden sollten.

4.10 Prophylaxe gegen Milben

Bei den häufig auftretenden Milbenarten wie Modermilbe *(Tyrophagus puterescentiae)*, Mehlmilbe *(Acarus siro)*, Rote Vogelmilbe *(Dermanyssus gallinae)* und der Nordischen Vogelmilbe *(Ornithonyssus sylviarum)* erweist sich die Prophylaxe als ausgesprochen schwierig.

Zwar ist jetzt für die Moder- und Mehlmilbe in den USA ein Fallensystem mit Lockstoffen entwickelt worden, das sicher auch in Kürze bei uns erhältlich sein wird, aber es liegen (Stand Juni 2008) noch keine Erfahrungen hinsichtlich Wirkung und Effizienz vor. Da diese Milben aber in sehr starkem Maße von einem relativ hohen Feuchtigkeitsgehalt abhängig sind, kann man schon viel erreichen, wenn man die Raum- und Substratfeuchte technisch unter die für diese Milben kritischen Werte führt. Dieses Verfahren wird sehr erfolgreich gegen Staubläuse in Lagerräumen der Lebensmittelindustrie praktiziert, die ebenso extrem abhängig von hoher Luftfeuchtigkeit sind.

Nicht minder problematisch ist die Prophylaxe bei der Roten und Nordischen Vogelmilbe in der Geflügelhaltung. Optimal ist natürlich, wenn man über zwei Ställe verfügt und so den leeren Stall gründlich reinigen und desinfizieren kann. Nach jeder Räumung des Stalles muss die alte Einstreu vollständig bis auf den letzten „Staubkrümel" entfernt und am besten verbrannt werden. Als vorteilhaft hat sich auch ein neuer Kalkanstrich der Wände erwiesen. Um die Populationen der Milben klein halten zu können, wird man im Rahmen einer gezielten Prophylaxe um regelmäßige Behandlungen nicht herum kommen. Problematisch erweisen sich dabei vielfach Schädlingsbekämpfungsmittel mit chemisch-synthetischen Wirkstoffen. Relativ neu, in Deutschland aber noch nicht am Markt, ist ein biologisches Stallspritzmittel auf der Basis von Fett- und Fruchtsäuren, das für Mensch und Nutztier völlig ungefährlich ist und auch gegen Milben eingesetzt werden kann. Das Präparat kann als Stallspritzmittel (flüssige Formulierung) aber auch als Applikation (Gelformulierung) ausgebracht werden, sodass die bei Vogelmilben kritischen Stellen wie Fugen und Ritzen besser erreicht werden können. Dieses Präparat wirkt nicht nur gegenüber den adulten Milben sondern auch gegen die Eier, Larven und Nymphen, womit der Entwicklungszyklus nachhaltig unterbrochen wird. Außerdem wirkt dieses Mittel bedingt durch seine rein physikalische Wirkung auch bei resistenten Milbenstämmen und führt selbst nicht zu Resistenzen, die bei herkömmlichen Insektiziden und Akariziden häufig auftreten. Zum Nachweis von Milben lassen sich kleine Klebeflächen wie bei Schaben oder Motten einsetzen. Diese werden am Abend installiert und am nächsten Morgen kontrolliert. Befinden sich Milben auf den Klebeflächen sollten zeitnah Gegenmaßnahmen ergriffen werden. Auch mit blutigen Schlieren überzogene Eier können ein Zeichen für Milbenbefall sein. Totes Geflügel muss sofort aus dem Bestand entfernt werden. Denn tote Tiere werden als Versteck von den Milben genutzt.

4.11 Prophylaxe gegen Feldmäuse

Im Jahr 2007 hat ein Forschungsinstitut ein Frühwarnsystem gegen Feldmäuse entwickelt, das den Landwirten rechtzeitige Gegenmaßnahmen ermöglicht. Feldmäuse treten nämlich alle drei bis fünf Jahre in besonders hohen Populationen auf, sodass man in dieses Projekt historische Daten von Feldmausplagen sowie Klima- und Vegetationsdaten eingearbeitet hat. Hat es beispielsweise einen milden Winter mit viel Regen im Februar gegeben, waren fast immer Feldmausplagen die Folge. Eine Firma, die mit dem Forschungsinstitut kooperiert, wird die Feldmausprognosen über das Internet vermarkten, die der Landwirt abonnieren kann, um so rechtzeitig im Vorfeld reagieren zu können. Außerdem können Feldmauspopulationen durch regelmäßiges Pflügen ebenso klein gehalten werden wie durch eine kurz gehaltene Vegetation, die den Nagern weniger Deckung gegenüber Greifvögeln bietet.

4.12 Impfung gegen Blauzungenkrankheit

Eine Sonderform der Prophylaxe stellt eine jüngst erst auf den Markt gekommene Impfung dar. Da es sehr schwierig ist, den für die Blauzungenkrankheit verantwortlichen Stechmücken nachhaltig beizukommen und es keine Therapie für erkrankte Tiere gibt, ist eine flächendeckende Impfung empfänglicher Tiere (Rinder, Schafe, Ziegen) notwendig. Die Kosten für die Impfstoffe werden überwiegend von den Ländern und den jeweiligen Tierseuchenkassen getragen. Die Tierarztkosten gehen zu Lasten der Tierhalter.

4.13 Die Temperaturüberwachung

Bei der Lagerung von Getreide, Hülsenfrüchten und Saaten wird die Temperaturerfassung schon seit den 30er-Jahren des letzten Jahrhunderts praktiziert. Bekannt ist, dass es durch die Aktivitäten von Insekten im Lagergut zu einem Temperaturanstieg kommt. Mit regelmäßigen Messungen kann dieser erfasst werden, um frühzeitig Gegenmaßnahmen ergreifen zu können. Ergänzt werden kann diese Methode mit einer zusätzlichen Erfassung der relativen Luftfeuchtigkeit, die ein ebenso wichtiger Lebensfaktor von Insekten ist.

Abb. 45
Granifrigor-Kühlgeraät zur Getreidekühlung.

4.14 Die Kühlkonservierung

Die Eigenatmung von lagerndem Getreide und Ölsaaten sowie die damit verbundene Selbsterwärmung bedingt einen Verlust an Trockensubstanz im Substrat sowie die Entwicklung von Schadinsekten, Mikroorganismen und Schimmelpilzen, was letztlich zu wirtschaftlichen Verlusten führt. Eine Möglichkeit der Prophylaxe ist in solchen Fällen die Kühlkonservierung. Das eigens zu diesen Zwecken entwickelte Granifrigor-Kühlgerät, in Abbildung 45 dargestellt, produziert 13 °C kalte und getrocknete Luft, die durch ein im Gerät integriertes Gebläse durch das im Silo oder Flachlager lagernde Getreide von unten nach oben gepresst wird. Über Abluftöffnungen gelangt diese Luft wieder in die Umgebung und mit ihr die vom Sub-

Tab. 29 Lagerzeiten von gekühltem Getreide in Abhängigkeit von Klimazone und Feuchtigkeitsgehalt

Feuchtigkeit in %	Gemäßigte Klimazone (Lagerzeit in Monaten)	Tropische Klimazone (Lagerzeit in Monaten)
12–15	8–12	6–8
15–17	6–10	3–5
17–19	4–6	1–2
19–21	1–4	0,5–1

strat aufgenommene Wärme und Feuchte. Da Getreide in einer Schüttung sehr schlechte Wärmeleiteigenschaften hat, bleibt gekühltes Getreide relativ lange kalt. In Tabelle 29 ist die Lagerzeit von gekühltem Getreide in Abhängigkeit von Feuchtigkeit und Klimazone dargestellt. Neben Getreide kann die Granifrigor-Kühlkonservierung ebenso problemlos bei Mais, Raps, Reis, Sojabohnen, Sonnenblumen- und Erdnusskernen, Sesam, Leinsamen, Nüssen, Dinkel und vielen anderen landwirtschaftlichen Schüttgütern eingesetzt werden. Eine Entwicklung von Insekten, Mikroorganismen und Schimmelpilzen kann bei derart niedrigen Temperaturen nicht erfolgen, womit die Kühlkonservierung ein natürliches und sehr effizientes Instrument auch zur Schädlingsprophylaxe im landwirtschaftlichen Bereich ist. Darüber hinaus gewährleistet dieses Verfahren eine risikolose Dauerlagerung ohne Qualitätsverluste und vermeidet hohe Kosten und Umweltbelastungen durch chemische Behandlungen.

4.15 Abschließende Betrachtungen zur Schädlingsprophylaxe in der Landwirtschaft

Leider wird das Thema Schädlinge, Prophylaxe und Bekämpfung trotz der mittlerweile bestehenden gesetzlichen Vorgaben immer noch recht stiefmütterlich behandelt und nur als anlassbezogene Maßnahme gesehen. Dabei ist eine kontinuierliche, fachlich korrekt durchgeführte Schädlingsprophylaxe deutlich kostengünstiger und effektiver als sporadisch durchgeführte Bekämpfungen. Abbildung 46 zeigt, wie Schädlingsprophylaxe und -bekämpfung heute praktiziert wird und wie sie zukünftig praktiziert werden sollte.

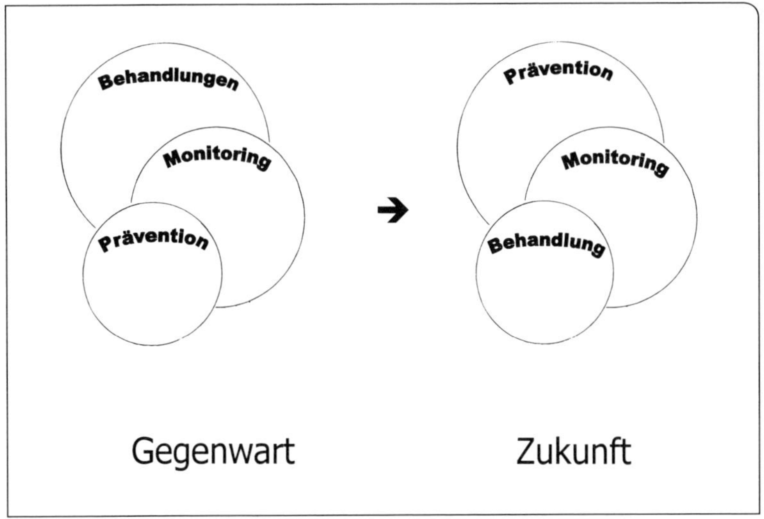

Abb. 46
Das Thema Schädlinge, Prophylaxe und Bekämpfung in Gegenwart und Zukunft.

4.16 Testfragen

Frage 1
Zählen Sie die vier Faktoren auf, die zwingende Voraussetzung für eine effiziente Schädlingsprophylaxe sind.

Frage 2
Warum ist die Feuchtigkeitsreduzierung ein praktikables Instrument in der Schädlingsprophylaxe und welchen Zusatznutzen hat sie?

Frage 3
Kann das mechanische Umsetzen eines Misthaufens zur Schädlingsprophylaxe genutzt werden? Begründen Sie Ihre Meinung. Wenn ja, gegen welchen Schädling richtet sich diese Maßnahme?

Frage 4
Welche Spuren geben einen sicheren Hinweis auf Schadnagerbefall? Nennen Sie mindestens drei.

Frage 5
Welche Systeme können zur Prophylaxe gegen Schadnager eingesetzt werden?

Frage 6
Welche zwei Faktoren erschweren die Prophylaxe gegenüber Fliegen ganz wesentlich?

Frage 7
Was ist unter Biotechnik im Zusammenhang mit Schädlingen zu verstehen?

Frage 8
Nennen Sie die beiden Nützlinge (deutsche Bezeichnung), die in der Prophylaxe und Bekämpfung gegen Fliegen eingesetzt werden können.

Frage 9
Was versteht man unter dem Begriff Pheromone, welche Funktion haben diese und welche Pheromonart wird sehr erfolgreich zur Prophylaxe bei Motten eingesetzt.

Frage 10
Welches System wird bei der Prophylaxe gegen Schaben eingesetzt und wie funktioniert es?

Frage 11
Warum können Schabenfallen auch in der Prophylaxe gegen Motten eingesetzt werden?

Frage 12
Warum ist die Prophylaxe gegenüber dem Tabakkäfer auch in der Landwirtschaft von Bedeutung?

Frage 13
Nennen Sie mindestens drei vorratsschädigende Käfer (deutsche Bezeichnung), für die es Pheromone gibt.

Frage 14
Warum ist eine Prophylaxe gegenüber Ektoparasiten auch bei den auf dem landwirtschaftlichen Hof lebenden Hunden und Katzen sinnvoll und angebracht?

Frage 15
Warum ist es für die Prophylaxe gegenüber Vogelmilben in der Geflügelhaltung sinnvoll, zwei voneinander getrennte Stallungen zu haben, von denen einer nicht belegt ist?

■ Die Auflösungen der Testfragen sind in Kapitel 8 zu finden.

5 Schädlingsbekämpfung in der Landwirtschaft

Das Thema Schädlinge und Schädlingsbekämpfung ist in der Landwirtschaft nichts Neues, denn schon zu Beginn der Vorrats- und Nutztierhaltung siedelten sich Schadinsekten und -nager im menschlichen Umfeld an. Kein Wunder also, dass Maßnahmen zur Schädlingsbekämpfung auf dem Acker, im Stall und auf dem Hof schon lange praktiziert werden und ein fester Bestandteil der landwirtschaftlichen Tätigkeit sind. Nach wie vor ist die Basis einer guten Schädlingsbekämpfung eine korrekte Befallsermittlung. Dazu gehört im ersten Schritt die Bestimmung des Schädlings, seiner Biologie und Lebensweise. Daraus resultiert die Entscheidung über die beste Bekämpfungsmethode unter Berücksichtigung des Schädlings, seiner Lebensweise und unter Berücksichtigung der örtlichen Begebenheiten. Eine fachlich korrekte Schädlingsbekämpfung zeichnet sich immer dadurch aus, den Schadorganismus nachhaltig zu eliminieren ohne dabei Mensch, Haus- und Nutztier, Lebens- und Futtermittel sowie Umwelt zu kontaminieren. Eine, wie die Praxis immer wieder zeigt, nicht unbedingt einfache Aufgabe.

5.1 Was sagt der Gesetzgeber zur Anwendung von Schädlingsbekämpfungsmitteln?

Vorgaben zur Anwendung von Schädlingsbekämpfungsmitteln findet man im Moment (Stand Sommer 2008) nur im Anhang III Nr. 4 der Gefahrstoffverordnung. Hier heißt es zunächst, dass die Vorgaben im Anhang III Nr. 4 nur dann anzuwenden sind, wenn sehr giftige, giftige und/oder gesundheitsschädliche Schädlingsbekämpfungsmittel eingesetzt werden. Darüber hinaus sind diese Vorgaben nur dann anzuwenden, wenn die Schädlingsbekämpfung nicht nur gelegentlich und in geringem Umfang im eigenen Betrieb, in dem Lebensmittel hergestellt, behandelt oder in Verkehr gebracht werden, stattfindet. Im weiteren Verlauf dieser Verordnung heißt es, dass derjenige, der die oben genannten Faktoren erfüllt, sachkundig im Sinne dieser Verordnung sein muss. Darüber hinaus wird aufgezeigt, was diese Verordnung unter Sachkunde in der Schädlingsbekämpfung versteht. Nach Auskunft des Deutschen Bauernverbandes gibt es allerdings für den Landwirt zurzeit (Stand Sommer 2008) keine Verpflichtung, bei der Anwendung von Schädlingsbekämpfungsmitteln, mit der Ausnahme von Begasungsmitteln, einen Sachkundenachweis vorzulegen.

Nach Auskunft des Deutschen Bauernverbandes ist die Schaffung einer gesetzlichen Verpflichtung zur Vorlage eines Sachkundenachweises zur Zeit (Stand Sommer 2008) nicht vorgesehen. Das Bundesministerium für Umwelt teilte auf Befragen mit, dass bei der Bundesanstalt für Arbeitsschutz und Arbeitsmedizin ein Forschungsvorhaben läuft, um gegebenenfalls Grundsätze der guten fachlichen Praxis für den Umgang mit Bioziden zu entwickeln.

5.2 Die Integrierte Schädlingsbekämpfung

Als Integrierte Schädlingsbekämpfung bezeichnet man eine für Ökologie und Ökonomie sinnvolle Kombination prophylaktischer, chemischer, physikalischer, biotechnischer und biologischer Maßnahmen, also eine Verknüpfung von Informationen über den Schädling, seine Lebensweise und Umweltbedingungen mit den daraus resultierenden optimalen Bekämpfungsmethoden. Angestrebt wird bei diesem ganzheitlichen Konzept, einen Schädlingsbefall auf wirtschaftliche Weise sowie unter geringst möglicher Gefahr für Mensch, Nutztier und Umwelt zu vermeiden, einzugrenzen und ggf. zu bekämpfen.

5.2.1 Chemische Maßnahmen

Bei den chemischen Maßnahmen werden synthetisch hergestellte Stoffe und Zubereitungen eingesetzt, die Schadorganismen abtöten. Leider hat der Begriff Chemie im Zusammenhang mit Schädlingsbekämpfungsmitteln im Laufe der Jahre ein zum Teil negatives Image bekommen. Eigentlich völlig zu Unrecht, denn gerade in den letzten Jahren sind hier enorme Erfolge zu verbuchen, denn im Gegensatz zu älteren Insektiziden wie Lindan oder DDT mit einem sehr breiten Wirkungsspektrum sind zeitgemäße Formulierungen durch ein enges, exakt auf den Zielorganismus abgestimmtes Wirkungsprofil abgestimmt. Hinzu kommt, dass auch biologische Wirkstoffe letztlich chemisch hergestellt werden. Bei den chemischen Schädlingsbekämpfungsmitteln wird nach Insektiziden, Akariziden und Rodentiziden unterschieden.

5.2.1.1 Insektizide/Akarizide

Unter dem Oberbegriff Insektizide sind Insekten abtötende Mittel zu verstehen, während man bei Milben abtötenden Substanzen von Akariziden spricht. Im Prinzip ist allen diesen hier eingesetzten Wirkstoffen gemein, dass sie chemisch synthetisch hergestellt werden, das Nervensystem der Schädlinge nachhaltig angreifen und dadurch zum Tod führen, sodass diese Substanzen auch als Neurotoxine oder Nervengifte bezeichnet werden. Die Wirkungsweisen sind dabei sehr unterschiedlich, sie reichen von einer Beeinträchtigung des Nervenflusses über eine Blockierung des Informationsaustausches von Nerven, bis hin zu einer Blockierung des Stoffwechselaustausches von Nerven. Problematisch bei diesen chemisch-synthetischen Wirkstoffen ist, dass Insekten und Milben bei häufigem Einsatz einer einzelnen Wirkstoffgruppe aufgrund der schnellen Generationsfolge Resistenzen

Tab. 30 Insektizide und akarizide Wirkstoffgruppen mit Beispielen

Wirkstoffgruppe	Substanzbeispiele
Naturpyrethrum	Pyrethrum, Phyrethrine
Pyrethroide	Permethrin, Deltamethrin, Cyfluthrin
Phosphorsäureester	Chlorpyrifos, Dichlorvos
Carbamate	Propoxur
Chlorkohlenwasserstoffe	Chlordecon, Lindan
Nicotinoyle	Imidacloprid
Phenylpyrazole	Fipronil

entwickeln. Die heute gängigsten Wirkstoffgruppen sind in Tabelle 30 zusammengefasst. Häufig wird Naturpyrethrum falsch als natürliches Produkt bezeichnet. Auch diese Wirkstoffgruppe zählt zu den Nervengiften, nur mit dem Unterschied, dass diese aus afrikanischen Chrysanthemen gewonnen werden. Völlig neu ist der in Japan entdeckte Wirkstoff Flubendiamide, der noch nicht am Markt erhältlich ist. Im Gegensatz zu den Neurotoxinen zerstört dieser Wirkstoff irreversibel die Muskelfunktion der Insekten und hat damit einen neuen, einzigartigen Wirkmechanismus. Insektizide und Akarizide werden in der Schädlingsbekämpfung als Atem- Fraß- und Kontaktgifte eingesetzt. Eine Sonderform der insektiziden Anwendungen sind Begasungen, die aufgrund Ihrer hohen Toxizität alle Entwicklungsstadien von Insekten und Milben abtöten. Bedingt durch die großen Gefahren, die mit einer solchen Behandlung einhergehen, muss jede Begasung bei der zuständigen Behörde beantragt werden. Hinzu kommt, dass für diese Tätigkeiten ausschließlich solche Personen befugt sind, die einen Begasungsschein haben.

5.2.1.2 Rodentizide

Unter dem Oberbegriff Rodentizide sind Schadnager abtötende Mittel zu verstehen. Während man in den 50er-Jahren des letzten Jahrhunderts noch mit Akutgiften gegen Ratten und Mäuse vorging, kommen mittlerweile fast ausschließlich Antikoagulantien zum Einsatz. Antikoagulantien oder Blutgerinnungshemmer wirken ohne Schmerzen zeitversetzt nach etwa drei bis vier Tagen, sodass Mäuse und Ratten die toxische Wirkung nicht registrieren. Der Wirkmechanismus basiert auf einer Hemmung der Blutgerinnungsfähigkeit mit zusätzlicher Kapillarbrüchigkeit, womit ausgedehnte, innere Blutungen in den Organen sowie in der Unterhaut auftreten, was letztendlich zum Tode führt. Die heute gängigsten Wirkstoffe sind Difenacoum, Brodifacoum, Flocoumafen, Difethialon und Bromadiolon. Problematisch sind die antikoagulanten Wirkstoffe, da Vitamin K ein natürliches Gegenmittel ist. Ausgerechnet dieses Vitamin wird aber sehr häufig in Aufzuchtfuttermitteln für Ferkel und Kälber verwendet und bremst bei gleichzeitiger Aufnahme die toxische Wirkung bei den Nagern. Insbesondere zur Bekämpfung von Mäusen hat sich Vitamin D oder Calciferol bewährt. In normaler Dosis ist Vitamin D ein Nahrungsbestandteil und wird Kleinkindern zur Stabilisierung der Knochen als Arzneimittel verabreicht. In einer Überdosis verursacht es jedoch eine tödliche Hypervitaminose, die zu einer übermäßig hohen Freisetzung von Kalzium aus den Knochen führt. Dieses wiederum bewirkt eine Verkalkung (Hyperkalzemie) der Arterien von Herz und Nieren. Bei Ratten erwies sich dieser Wirkstoff allerdings als unzuverlässig, sodass die erfolgreiche Anwendung auf Mäuse beschränkt bleibt.

Rodentizide werden ausschließlich als Fraßgift verabreicht und müssen so zwangsläufig von Ratten und Mäusen mit der Nahrung aufgenommen werden. Schwierig dabei ist, dass Ratten neuen Nahrungsquellen gegenüber sehr argwöhnisch sind und Mäuse sich einer Vielzahl verschiedener Nahrungsquellen bedienen, was bei unsachgemäßer Ausbringung der Köder nicht zum gewünschten Erfolg führt. Ein parallel existierendes Nahrungsangebot insbesondere von Vitamin K-haltigen Produkten sollte daher vermieden werden. Entsprechend der verschiedenen Umfeldbedingungen sind rodentizide Präparate als schüttfähige Köder auf Getreidebasis, als Wachsblöcke, als Wachspastenköder, als Gel, als Flüssigköder oder Kontaktpuder im Handel. Je nach Einsatzort muss entschieden werden, welche Darreichungsform genommen wird, wobei auch bei der Anwendung von Rodentiziden darauf zu achten ist, dass eine Kontamination von Mensch, Nutz- und Haustier sowie Umwelt ausgeschlossen werden kann. Der Einsatz von Ratten- und/oder Mäuseködern sollte durch Köderboxen erfolgen, die in Kapitel 4 beschrieben wurden. Erstens führen diese Boxen zu einer verbesserten Annahme der Köder und zweitens sind Nichtzielorganismen gegen die toxischen Substanzen geschützt.

5.2.2 Physikalische Maßnahmen

Bei den physikalischen Maßnahmen werden mechanische Mittel eingesetzt, um Schädlingsbefall zu verhindern, Schädlinge in ihrer Entwicklung zu beeinträchtigen bzw. zu bekämpfen. Viele dieser Verfahren, die durch die Entwicklung in der Chemie verdrängt wurden, gewinnen in der heutigen Zeit wieder an Bedeutung. Früher nannte man es Fliegendraht, der Speisekammern oder Vorratsschränke vor dem Zuflug von fliegenden Insekten schützte. Heute nennt man die aus Kunststoff gefertigten Netze Insektenschutzgitter, die in der Lebensmittelindustrie vom Gesetzgeber vorgeschrieben sind, sich aber auch in der Landwirtschaft an Türen und Fenstern nutzen lassen, um den Zuflug von außen zu verhindern. Auch bei den Schlagfallen wird heute Kunststoff eingesetzt. Sie sind im Rahmen der integrierten Schädlingsbekämpfung nicht mehr weg zu denken. Schlagfallen sind bei Ratten wenig sinnvoll, bei Mäusen aber sehr effizient, denn damit können in den ersten drei Tagen einer gezielten Bekämpfung ca. 50% der Population getilgt werden. Danach werden auch hier die Artgenossen argwöhnisch, die Annahme der Fallen lässt stark nach, sodass auf Köder umgestellt werden muss. Früher arbeitete man mit einer Wippe und einem Wassereimer, in dem die Nager ertranken. Heute arbeitet man mit Lebendfallen. Leimtafeln gegen Mäuse und Ratten sind in Deutschland verboten.

Erfolg versprechend ist der Einsatz von silikathaltigen Stäubemitteln. Heute verwendet man amorphen Silikatstaub, der aus fossilen Kieselalgen gewonnen wird und für Mensch und Nutztier keine Gefährdung darstellt. Die Wirkungsweise ist rein physikalisch, denn die Schadinsekten verletzten bei Kontakt mit den scharfkantigen Silikatpartikeln ihre Außenhaut und trocknen aus. Bei den verletzten Insekten treten sichtbare Störungen des Bewegungs-, Fraß-, Partnerfindungs-, Begattungs- und Eiablageverhaltens auf, weshalb der Entwicklungszyklus bereits vor dem eigentlichen Tod unterbrochen ist. Vorteilhaft ist, dass dieser Silikatstaub seine physikalische Wirkung durch die Eigenaktivität der Insekten entfaltet und so auch bei Larven wirkt. Nachteil ist, dass eine vollständige Mortalität erst nach etwa zwei Wochen nach dem Kontakt eintritt. Das Präparat kann gegen alle vorratsschädigenden und kriechenden Insekten eingesetzt werden.

Interessant ist ein neues, noch nicht am Markt erhältliches biologisches Insektizid. Hier ist es mit einer Formulierung aus Naturölen (Geraniol) gelungen, ein hoch wirksames Präparat gegen kriechende und fliegende Insekten sowie gegen Milben zu entwickeln. Dieses biologische Insektizid kann als Spritzmittel über die Raumluft oder als Gel auf Flächen (Decken, Wände, etc.) ausgebracht werden und wirkt nach Kontakt auf zwei Arten. Zunächst gelangen die Öle über die Atmungsöffnungen (Stigmen) in die Atmungsorgane (Tracheen) und verstopfen diese, womit die Atmung unterbunden wird und das Insekt stirbt. Gleichzeitig lösen die Öle die schützende Wachsschicht der Haut der Insekten auf und zerstören so das Chitingerüst, wodurch es zu einer Austrocknung kommt. Allerdings setzt hier die letale Wirkung innerhalb kürzester Zeit ein. Bei dünnhäutigen Insekten oder Milben dauert es bis zur 100%igen Mortalität keine Minute. Dieses biologische Insektizid entfaltet seine physikalische Wirkung auch gegenüber Eiern, Larven, Nymphen und Puppen. Und mit dieser rein physikalischen Wirkungsweise kann es auch nicht zu Resistenzbildungen kommen. Selbst bereits resistente Insekten oder Milben können mit diesem biologischen Präparat effizient und zuverlässig bekämpft werden.

5.2.3 Biotechnische Maßnahmen

Primäre Zielrichtung biotechnischer Maßnahmen ist die negative Beeinflussung der Faktoren Nahrung, Temperatur, Feuchtigkeit und Licht. Darüber hinaus stehen Verfahren zur Verfügung, mit denen das Wachstum und das Verhalten von Insekten beeinflusst werden kann. Ein gutes Beispiel für Biotechnik sind die in Kapitel 4 beschriebenen Schabenfallen, die Schaben mit einem Lockstoff auf eine Klebefläche locken. Der Einsatz von Pheromonen ist ein typisches Beispiel für Biotechnik. Insgesamt können heute mehr als 80 Schadinsekten im Obst- und Gartenbau, Weinbau, Gemüsebau, in Land- und Forstwirtschaft sowie im Gesundheits-, Vorrats- und Holzschutz mit Pheromonen und Hormonen bekämpft werden. Biotechnische Maßnahmen sind damit ein ausgesprochen wichtiges Instrument in der Schädlingsbekämpfung.

5.2.3.1 Die Beeinflussung der Nahrung

Alle in der Schädlingsbekämpfung eingesetzten Köderverfahren zählen hierzu, da man den Schädlingen über den Nahrungsweg toxische Substanzen verabreicht. Ratten- und Mäuseköder sind schon lange Standard und mittlerweile perfektioniert, sodass selbst für schwierige Fälle Lösungen zur Verfügung stehen.

Bei Ameisen sind Köder die Methode der Wahl, denn eine erfolgreiche Bekämpfung ist nur dann möglich, wenn man die im Nest sitzende Königin erwischt. Hierzu wurden spezielle Köder entwickelt, die von den Arbeiterinnen aufgenommen werden, ohne diese gleich zu töten, denn die toxischen Substanzen müssen an die Nestinsassen verfüttert werden, um eine gute Wirkung zu erzielen. Mittlerweile weiß man auch um die Nahrungspräferenzen verschiedener Ameisenarten und hat dieses bei der Ködertechnik berücksichtigt.

Eine gezielte Gelködertechnik gegen Schaben ist nur in Kombination mit Schabenfallen möglich, denn erst diese zeigen Befallsareale und -intensität auf, die eine gezielte Gelanwendung ermöglichen. Auch hier operiert man mit unterschiedlichen Geschmacksrichtungen und Formulierungen, die von Fall zu Fall angepasst werden können. Erst jüngst hat man herausgefunden, dass die befruchteten Weibchen der Deutschen Schabe mit Eipaketen kaum noch Nahrung zu sich nehmen und damit auch nicht an die Köder gehen. Forschungen ergaben, dass die Absenkung eines Hormons im Körper der Schaben für die Appetitlosigkeit verantwortlich ist. Durch die externe Zufuhr dieses Hormons wurden die alten Nahrungsgewohnheiten erneut geweckt und das Köderverfahren funktionierte wieder.

Auch Fliegen, Silberfischchen und Heimchen können mit biotechnischer Ködertechnik bekämpft werden.

5.2.3.2 Die Beeinflussung der Temperatur

Insekten sind wechselwarme Tiere. Das bedeutet, dass ihre gesamten Aktivitäten einschließlich der Intensität ihrer Lebens- und Verhaltensweisen stark von den Außentemperaturen beeinflusst werden. Das bedeutet, dass zu hohe oder tiefe Temperaturen Entwicklungsstillstand oder Tod bedeuten können. Heißluft- und Kälteverfahren sind unter bestimmten Bedingungen durchaus gängige Praxis in verschiedenen Bereichen. Auch die in Kapitel 4 beschriebene Kühlkonservierung ist ein Beispiel dafür, wie über die Veränderung der Temperatur das Verhalten von Insekten beeinflusst werden kann.

5.2.3.3 Die Beeinflussung sonstiger Lebens- und Verhaltensweisen

Bereits in Kapitel 4 wurden UV-Insektenfanglampen vorgestellt. Beim Kauf solcher Geräte ist darauf zu achten, dass eine Gerätegröße gewählt wird, die den räumlichen Begebenheiten hinsichtlich der abzudeckenden Fläche entspricht. Ebenso sollte man neue Geräte mit Klebefolie bevorzugen, für entsprechende Einsatzzwecke gibt es zudem staub- und spritzwassergeschützte Geräte.

Auch der Einsatz einer CO_2-Druckentwesung ist möglich. Das zu behandelnde Produkt wird in eine spezielle Druckkammer gegeben. Nach Verschließen dieser Kammer wird gasförmiges Kohlendioxid mit einem Druck von 20–40 bar zugeführt. Nach einer bestimmten Einwirkungszeit wird gelüftet, die Kammer mit Sauerstoff gespült und die Waren können entnommen werden. Durch diese Behandlung werden alle in der Ware befindlichen Insekten und deren Entwicklungsstadien (Ei, Larve, Puppe) zu 100 % abgetötet.

5.3 Testfragen

Frage 1
Wie ist die integrierte Schädlingsbekämpfung definiert?

Frage 2
Beschreiben Sie die möglichen Wirkungsweisen von Nervengiften am Insekt.

Frage 3
Nennen Sie mindestens drei der heute gängigen Wirkstoffgruppen von insektiziden Nervengiften.

Frage 4
Beschreiben Sie den Wirkmechanismus von Antikoagulantien.

Frage 5
Warum sollten Mäuse- und Rattenköder stets in Köderboxen ausgebracht werden?

Frage 6
Nennen Sie mindestens drei der heute gängigen rodentiziden Wirkstoffe.

Frage 7
Was ist unter physikalischen Maßnahmen in der Schädlingsbekämpfung zu verstehen, nennen Sie mindestens drei Beispiele.

Frage 8
Was versteht man unter biotechnischen Maßnahmen in der Schädlingsbekämpfung, nennen Sie mindestens drei Beispiele.

Frage 9
Bei welchen Schädlingsarten lässt sich biotechnische Ködertechnik einsetzen? Nennen Sie mindestens vier Arten.

Frage 10
Wie sind biologische Maßnahmen in der Schädlingsbekämpfung definiert?

■ Die Auflösungen der Testfragen sind in Kapitel 8 zu finden.

6 Dokumentation der Maßnahmen aus Prophylaxe und Bekämpfung

Jeder, der in seinem Betrieb Schädlinge bekämpfen muss, ist verpflichtet, dies sachgerecht zu dokumentieren. Die wichtigsten gesetzlichen Vorgaben sollen hier besprochen und erläutert werden.

6.1 Gesetzliche und außergesetzliche Vorgaben

Verordnung (EG) Nr. 852/2004 über Lebensmittelhygiene
In Anhang I, Teil A, Ziffer III, Nr. 7 verlangt der Gesetzgeber allgemein, dass die Lebensmittelunternehmer der Primärproduktion über die Maßnahmen, die zur Eindämmung von Gefahren getroffen wurden, Buch führen. Die Dokumentation ist somit verpflichtend. Im weiteren Verlauf dieser Ziffer III wird die Dokumentation explizit auch unter Nr. 9 immer dann gefordert, wenn Biozide und Pflanzenschutzmittel verwendet werden oder Schädlinge aufgetreten sind. Allerdings gilt dies nur für Pflanzenbaubetriebe.

Verordnung (EG) Nr. 183/2005 über Futtermittelhygiene
Laut dieser Verordnung wird eine Dokumentation für die Futtermittelprimärproduktion explizit gefordert, wenn Biozide und Pflanzenschutzmittel eingesetzt wurden oder wenn Schädlinge aufgetreten sind.

Schweine-Salmonellen-Verordnung
Mit dieser Verordnung werden Dokumentationen gefordert, wenn eine Schadnagerbekämpfung durchgeführt wurde.

Bioland-Richtlinie Schädlingsbekämpfung
Vorgaben zur Dokumentation findet man nicht nur in gesetzlichen Regelwerken, sondern, wie hier beispielhaft an Bioland aufgezeigt, auch in Richtlinien von Verbänden. Hier wird unter Ziffer 6 die Dokumentation gefordert. Interessant an dieser Vorgabe ist aber, dass nicht nur die Dokumentation gefordert ist, sondern auch explizit aufgeführt wird, was in der Dokumentation enthalten sein soll, sodass der Verantwortliche genau weiß, was zu dokumentieren ist.

6.2 Allgemeines zur Dokumentation

Eine gesetzliche Vorgabe, wie eine Dokumentation beim Thema Schädlinge Prophylaxe und Bekämpfung auszusehen hat und was eine Dokumentation zu enthalten hat, gibt es nicht. Nach Autorenauffassung muss eine Dokumentation bei dieser Thematik allerdings so aufgebaut sein, dass ein Außenstehender nachvollziehen kann, was, wie, wo, womit, wann und warum gegen welchen Schädling in Prophylaxe und Bekämpfung unternommen wurde. Auch muss eine Dokumentation nicht zwangsläufig in Tabellenform geführt werden, sondern kann im Prinzip auch nur schriftlich über die durchgeführten Maßnahmen berichten. Allerdings sollte man nicht zu ausführlich werden und sich auf das Wesentliche in knapper, aber nachvollziehbarer Form beschränken. Wichtige Bestandteile einer Dokumentation sind in Tabelle 31 festgehalten. In der Praxis hat es sich bewährt, für die Dokumentation einen Ordner anzulegen, in dem diese Bestandteile chronologisch abgeheftet sind. Wenn man einen externen Dienstleister mit der Prophylaxe und Bekämpfung beauftragt, muss man sich um derartige Formulare und Protokolle natürlich nicht kümmern. Dies ist dann die Aufgabe des jeweiligen Schädlingsbekämpfers, der über entsprechende Formulare und Dokumentationsvorlagen verfügt. Die nachfolgend beschriebenen Dokumentationsmaßnahmen dienen lediglich als Hilfe für eigene Aufzeichnungen.

Information über Zuständigkeit

Wird die Schädlingsprophylaxe und -bekämpfung von einem externen Dienstleister durchgeführt, ist es unbedingt notwendig, die Daten zu diesem Unternehmen im Rahmen der Dokumentation festzuhalten. Zwingend bei diesen Daten sind, Firma, Anschrift der Firma, Telefonnummer, Faxnummer, E-Mail, Ansprechpartner sowie Notrufnummer außerhalb der Betriebszeit. Wenn die Maßnahmen zur

Tab. 31 Wichtige Bestandteile einer Dokumentation

Wichtige Bestandteile einer Dokumentation
Information über Zuständigkeit (X)
Belegungsplan
Arbeitsprotokolle
Protokoll Schädlingsbekämpfung
Sicherheitsdatenblatt gem. 91/155/EWG
Sachkundenachweise Schädlingsbekämpfer (X)
Erste Hilfemaßnahmen
Notrufnummer von Giftzentralen/Haus- und Tierarzt

Die mit (X) gekennzeichneten Bestandteile sind nur von Bedeutung, wenn die Maßnahmen zur Prophylaxe und Bekämpfung von einem externen Dienstleister ausgeübt werden.

Prophylaxe und Bekämpfung vom jeweiligen Landwirt in eigener Regie durchgeführt werden, erübrigt sich dieser Bestandteil der Dokumentation.

Belegungsplan

Im Kapitel 4 wurden hinsichtlich der Prophylaxe verschiedene Fallen- und Ködersysteme beschrieben und deren Funktion erläutert. Ein Belegungsplan zeigt nunmehr auf, wo welche Systeme auf dem Gehöft installiert sind. Hierzu ist es notwendig, dass man eine Bereichseinteilung vornimmt, wie in Tabelle 32 in der zweiten Spalte als Beispiel aufgezeigt. Sinnvoll ist es dann im zweiten Schritt, für jeden Bereich eine separate Umrissskizze anzulegen und dort die in diesen Bereichen installierten Fallen- und Ködersysteme einzuzeichnen.

Arbeitsprotokoll

Zwar ist auch ein völlig formloses Arbeitsprotokoll zulässig, allerdings ist ein Protokoll in tabellarischer Form wesentlich übersichtlicher und einfacher zu handhaben (s. Tab. 32). Auch hier gibt es wieder eine Bereichseinteilung wie in Spalte 2. Sodann wird in Spalte 3 festgehalten, welche Fallen- und Ködersysteme in diesen Bereichen installiert sind. Spalte 4 zeigt, wie viele Systeme installiert sind und welche Nummerierung diese haben. In Spalte 5 werden dann die Ergebnisse der jeweiligen Kontrolle und die Maßnahmen einer eventuellen Bekämpfung vermerkt. Natürlich muss in einem solchen Protokoll auch festgehalten werden, wer und wann diese Kontrollen durchgeführt wurden. Werden Abkürzungen verwendet, müssen diese in Form einer Legende unter dem Protokoll erläutert werden. Keineswegs ist man an das hier vorgeschlagene Formular gebunden, man kann ein eigenes Formular entwickeln, das an die speziellen Verhältnisse vielleicht besser angepasst ist.

Protokoll Schädlingsbekämpfung

Eine Schädlingsbekämpfung sollte zusätzlich zum Arbeitsprotokoll mit einem separaten Formular dokumentiert werden (Tab. 33). Bei einer eventuellen Fehlanwendung kann so aufgrund dieser Angaben schneller und besser reagiert werden.

Sicherheitsdatenblatt

Für jedes Schädlingsbekämpfungsmittel gibt es ein Sicherheitsdatenblatt, das genormt ist und Auskunft zu chemischen, physikalischen und technischen Details des jeweiligen Produktes gibt. Unter anderem sind hier Angaben enthalten, die Auskunft über Gegenmaßnahmen und Gegenmittel bei einer Vergiftung geben, was dem behandelnden Arzt in einem solchen Fall ganz wesentlich helfen kann. Diese Sicherheitsdatenblätter können und sollten beim Kauf von

Tab. 32 Muster Arbeitsprotokoll

Datum	Bereich	Art der Station	Nummer der Station	Kontrollergebnis und Maßnahmen
06.07.08	Wohngebäude außen	RKB	1–12	Kein Befall
dto.	Stall 1 innen	MKB MoFa SKF UV	1–8 1–7 1–9 1–2	Kein Befall Kein Befall Kein Befall Leichter Befall: Fliegen in 1 + 2
dto.	Stall 1 außen	RKB	1–12	
dto.	Stall 2 innen	MKB MoFa SKF UV	1–5 1–4 1–5 1	
dto.	Stall 2 außen	RKB	1–15	
dto.	Futtermittel-lager	MKB MoFa SKF UV	1–6 1–4 1–8 1–2	
dto.	Scheune innen und außen	RKB	1–12	
dto.	Technischer Fuhrpark	RKB	1–10	
dto.	Außenbereich Zaun	RKB	1–30	RKB 2–6 leichter Anfraß Feldmäuse, Köder erneuert, im befallenen Areal zusätzliche Boxen aufgestellt RKB 23–28 starker Anfraß Ratten + Lauf- und Kotspuren, Ködermenge erhöht, im befallenem Areal zusätzliche Boxen aufgestellt, Inspektionsintervall hier wöchentlich
Durchführung:			Harry Mustermann	

Maßnahmen/Bemerkungen:
Bei der Sichtinspektion konnte kein Hinweis auf weiteren Befall von Schadinsekten oder Schadnagern festgestellt werden.
Futtertröge und Insektenschutzgitter stark verunreinigt, Reinigung wurde veranlasst.

Legende: MKB=Mäuseköderbox, MoFa=Mottenfalle, RKB=Rattenköderbox, SKF=Schabenklebefalle, UV=UV-Insektenfanglampe

Tab. 33 Muster Protokoll Schädlingsbekämpfung

Arbeitsprotokoll Schädlingsbekämpfung	**Details zur Durchführung**
Ausführung am:	06.07.08
Befallsobjekt:	Gehöft F. Müller-Lüdenscheid
Bekämpfung gegen:	Stallfliegen
Eingesetztes Mittel:	XYZ-Spray
Eingesetzter Wirkstoff:	XYZ-Wirkstoff
Gefahrensymbol:	keines
Dosierung:	25 ml in 5 l Wasser
Angewendetes Verfahren:	Nebelverfahren
Durchführung von:	Harry Mustermann

Schädlingsbekämpfungs- und auch Pflanzenschutzmitteln vom Handel gefordert werden. Es ist darauf zu achten, dass diese Sicherheitsdatenblätter auch dem neuesten Stand entsprechen.

Qualifikation externer Schädlingsbekämpfer

Soll ein externer Dienstleister für Prophylaxe und Bekämpfung auf dem Hof beauftragt werden, ist es zwingend notwendig, sich die Sachkunde aller im Betrieb tätig werdenden Schädlingsbekämpfer belegen zu lassen, da sich nach wie vor „Schwarze Schafe" im Markt tummeln. Hier sollte man die Messlatte hoch genug legen und nur die folgenden Sachkunden akzeptieren

- Berufsausbildung Schädlingsbekämpfer,
- IHK Geprüfter Schädlingsbekämpfer
- Gehilfe bzw. Meister Schädlingsbekämpfung nach dem Recht der ehemaligen DDR.

Notrufnummern und Giftzentralen

Sowohl bei der Schädlingsbekämpfung als auch im Pflanzenschutz darf nicht außer Acht gelassen werden, das man mit toxischen Substanzen arbeitet, die schon bei der geringsten Unachtsamkeit zu Tier- oder Personenschäden führen können. Gerade bei Vergiftungsunfällen ist Eile geboten. Im Dokumentationsordner sollten daher Notrufnummer, Anschriften und Telefon von Giftzentralen, Haus- und Tierarzt enthalten sein. Anschriften und Telefonnummern der Giftzentralen sind z. B. im Landwarenhandel erhältlich.

6.3 Die Dokumentation der Prophylaxe

Bei der Dokumentation der Prophylaxe kann man sich wieder des erwähnten Arbeitsprotokolls bedienen. Man sollte hier die Kontrollergebnisse der jeweiligen Prophylaxe-Inspektion in das Arbeitsprotokoll eintragen. Da es nicht für alle Schädlinge Fallen- und Ködersysteme gibt, müssen zusätzlich Sichtinspektionen durchgeführt werden, die der Vollständigkeit halber dokumentiert werden sollten. Nicht immer wird es möglich sein, den jeweiligen Ist-Zustand in den Fallen- und Ködersystemen zweifelsfrei zu dokumentieren, sodass unter der Rubrik Maßnahmen/Bemerkungen ergänzende Inspektionsberichte erstellt werden können. Ebenso zu einer Dokumentation gehört der Hinweis auf Verunreinigungen sowie die getroffenen Gegenmaßnahmen. Im Beispiel Tabelle 32 waren z. B. die Futtertröge sowie die an den Fenstern angebrachten Insektenschutzgitter stark verunreinigt, was entsprechende Gegenmaßnahmen bedingte. Problem bei derartigen Verunreinigungen ist, das sie das Vorhandensein von Schädlingen und deren Entwicklung begünstigen, weshalb solche Hinweise in der Dokumentation Pflicht sind.

6.4 Die Dokumentation der Bekämpfung

Auch bei der Dokumentation der Bekämpfung kann man sich wieder des Arbeitsprotokolls bedienen. Man wird hier dokumentieren, wo, welcher Schädling, in welcher Intensität aufgetreten ist und welche Gegenmaßnahmen ergriffen wurden. Im Beispiel Tabelle 32 sind im Außenbereich am Grundstückszaun Feldmäuse und Ratten aufgetreten. Anhand der Fraßspuren (vgl. Abb. 35 und 36) konnte festgestellt werden, welche Nager in welcher Befallsstärke aufgetreten sind. Bei den Feldmäusen war es nur leichter Befall, sodass es ausreichte, die Köder zu erneuern und in den befallenen Arealen ein paar zusätzliche Boxen zu platzieren. Bei der Prophylaxe wäre es ausreichend, die Boxen in Abständen von ca. 10 m zu platzieren. Bei Befall sollten allerdings zusätzliche Boxen verteilt werden, um so weiteren Zulauf von Schadnagern abzufangen. Wenn starker Befall vorliegt, muss auch die Ködermenge erhöht werden, damit die Tiere ausreichend Köder finden. Normalerweise wird man zur Prophylaxe die Fallen- und Ködersysteme in einem Abstand von vier Wochen kontrollieren und dokumentieren. Liegt aber starker Befall vor, sollten die Inspektionsintervalle verkürzt und zusätzliche Arbeitsprotokolle für die befallenen Areale erstellt werden. Zusätzlich muss jetzt auch das Protokoll Schädlingsbekämpfung erstellt werden, dass vorrangig Auskunft gibt, welche Ködermaterialien, in welcher Menge, mit welchem Wirkstoff im Einsatz sind. Ebenso zwingender Bestandteil in der Dokumentation zur Bekämpfung sind die Sicherheitsdatenblätter der eingesetzten Schädlingsbekämpfungsmittel, sodass letztlich bei diesem Beispiel drei Formulare vorhanden sein müssen.

Tab. 34 Verlaufsprotokoll Feldmausbekämpfung

Feldmausbekämpfung Außenbereich Zaun, links und rechts vom Eingangsbereich			
Nummer Köderbox	Beginn Bekämpfung 06.07.	nach 4 Wochen Bekämpfung 06.08.	nach 8 Wochen Bekämpfung 06.09.
2	Anfraß leicht	Anfraß leicht	0 Anfraß
Zusatzbox 2 a	0	Anfraß leicht	0 Anfraß
3	Anfraß leicht + Kot	0 Anfraß	0 Anfraß
Zusatzbox 3 a	0	0 Anfraß	0 Anfraß
4	Anfraß leicht + Kot	Anfraß leicht + Kot	0 Anfraß
Zusatzbox 4 a	0	Anfraß leicht + Kot	0 Anfraß
5	Anfraß leicht	0 Anfraß	0 Anfraß
Zusatzbox 5 a	0	Anfraß leicht	0 Anfraß
6	Anfraß leicht	0 Anfraß	0 Anfraß
Zusatzbox 6 a	0	0 Anfraß	0 Anfraß
Maßnahmen/Bemerkungen: Der Befall Feldmäuse war nach 8 Wochen am 06.09.08 getilgt. Die zusätzlich platzierten Köderboxen wurden wieder entfernt.			

Neben dem Erfassen der einzelnen Schädlingsbekämpfungsmaßnahmen kann gleichzeitig der Verlauf der Bekämpfung dokumentiert werden, damit man nachprüfen kann, ob die ergriffenen Maßnahmen erfolgreich. In Tabelle 34 ist der Verlauf der Feldmausbekämpfung dokumentiert. Für solche Dokumentationsformulare gibt es keine Vorgaben. Es muss klar erkennbar sein, was, wann wo, mit welchem Ergebnis erfolgt ist. Wichtig in dieser Dokumentation ist, dass natürlich auch die zusätzlich installierten Boxen berücksichtigt werden. Im Verlauf der Bekämpfung kann man mithilfe dieser Dokumentation gut erkennen, wie sich der Befall entwickelt hat.

6.3 Testfragen

Frage 1
Welche zwei Verordnungen schreiben die Dokumentation vor, wenn Biozide und/oder Pflanzenschutzmittel eingesetzt werden und wenn Schädlinge aufgetreten sind?

Frage 2
Gibt es eine gesetzliche Vorgabe, die besagt, wie eine Dokumentation auszusehen hat?

Frage 3
Kennen Sie eine Quelle, in der Vorgaben zur Dokumentation zu finden sind?

Frage 4
Wie sollte eine Dokumentation zum Thema Schädlinge, Prophylaxe und Bekämpfung aufgebaut sein?

Frage 5
Welches sind die wichtigsten Bestandteile einer Dokumentation, wenn die Maßnahmen zur Schädlingsprophylaxe und -bekämpfung in eigener Regie ohne externen Dienstleister durchgeführt werden?

Frage 6
Was wird in einem Arbeitsprotokoll beim Thema Schädlinge, Prophylaxe und Bekämpfung dokumentiert?

Frage 7
Welche Auskünfte sind in einem Sicherheitsdatenblatt zu einem Schädlingsbekämpfungsmittel enthalten und warum ist ein solches Sicherheitsdatenblatt für den behandelnden Arzt im Vergiftungsfall wichtig?

Frage 8
Welchen Sinn hat die Rubrik Maßnahmen/Bemerkungen im Arbeitsprotokoll?

Frage 9
Welche drei Dokumentationsformulare sollten bei einer Schädlingsbekämpfung vorhanden sein (siehe Kapitel 6)?

Frage 10
Was sind die Vorteile einer Dokumentation?

■ Die Auflösungen der Testfragen sind in Kapitel 8 zu finden.

7 Gesetze und Regelwerke

7.1 Einleitung

Abgesehen vom Pflanzenschutz gibt es zum Thema Schädlinge, Prophylaxe und Bekämpfung in der Landwirtschaft kein eigenständiges gesetzliches Regelwerk. Vielmehr sind es mehrere, verschiedene Verordnungen oder Gesetze, die unabhängig voneinander dieses Thema in einzelnen Abschnitten behandeln. Nachfolgend wird an verschiedenen Beispielen verdeutlicht, dass der Gesetzgeber einerseits zwar ganz konkrete Anforderungen an die Schädlingsbekämpfung im landwirtschaftlichen Bereich stellt, andererseits aber in einzelnen Verordnungen nur Teilaspekte anspricht oder sogar extrem wichtige Belange in diesem Zusammenhang völlig vernachlässigt. Offensichtlich wurden hier im Vorfeld in den einzelnen Gesetzgebungsverfahren vom Gesetzgeber zu wenig oder keine fachlich qualifizierten Meinungen eingeholt, sonst wäre aus Autorensicht so manche Forderung heute nicht Bestandteil eines Gesetzes. Im Rahmen dieses Buches können und werden nur einige dieser Regelwerke berücksichtigt. Nachfolgende Ausführungen werden auch nur komprimiert auf das Thema Schädlingsbekämpfung bezogen dargestellt und erheben keinen Anspruch auf Vollständigkeit. Ferner steht die Reihenfolge, in der die einzelnen gesetzlichen Regelwerke abgehandelt werden, in keinerlei Zusammenhang zur Bedeutung der einzelnen Vorschriften.

7.2 Europäische Verordnungen

7.2.1 Verordnung (EG) Nr. 852/2004 über Lebensmittelhygiene

Diese Verordnung ist eines der wenigen gesetzlichen Regelwerke, das explizit ganz konkrete und fachlich fundierte Anforderungen an die landwirtschaftlichen Betriebe stellt und in den letzten Jahren dem Thema Schädlinge, Prophylaxe und Bekämpfung in diesem Segment ein hohes Maß an Bedeutung beigemessen hat. Erstens werden hier prophylaktische Maßnahmen gegen Schädlinge gefordert, zweitens müssen Schädlinge, wenn sie auftreten, fachlich korrekt bekämpft werden. Drittens ist bei diesen Maßnahmen eine Kontamination durch Schädlingsbekämpfungsmittel, was Mensch, Nutztier und Umwelt beeinträchtigen kann, untersagt. DieVerordnung (EG) Nr. 852/2004 zum Thema Schädlinge, Prophylaxe und Bekämpfung im landwirtschaftlichen Bereich stellt ein zentrales Regelwerk dar.

7.2.2 Verordnung (EG) Nr. 183/2005 über Futtermittelhygiene

Das Ziel dieser Verordnung ist in erster Linie darin zu sehen, dass Kontaminationen, die für die Futtermittel- und Lebensmittelsicherheit von Belang sind, vermieden werden. Mit dieser Zielsetzung fand auch das Thema Schädlinge, Prophylaxe und Bekämpfung in dieser Verordnung Berücksichtigung, wobei man sich mit den Forderungen in erster Linie an die Verordnung über Lebensmittelhygiene anhängt.

7.2.3 Verordnung (EG) Nr. 2160/2003 über die Bekämpfung von Salmonellen und anderen Zoonoseerregern

Einen Hinweis auf das in diesem Zusammenhang mit Salmonellen und anderen Zoonosen (von Tieren auf Menschen übertragene Infektionskrankheiten) absolut wichtige Thema Schädlinge, Prophylaxe und Bekämpfung sucht man in dieser Verordnung vergeblich. Aus Autorensicht nicht nachvollziehbar und ein Versäumnis, denn Schädlinge sind immer wieder verantwortlich für die Ausbreitung von Salmonellen und anderen Zoonosen und so hätten in dieser Verordnung eigentlich Schaben, Fliegen, Mäuse und Ratten Berücksichtigung finden müssen. Lediglich in einem Anhang wird Hygienemanagement in landwirtschaftlichen Betrieben gefordert sowie Maßnahmen, die zur Verhütung der Einschleppung von Infektionen dienen.

7.2.4 Verordnung (EG) Nr. 2091/1991 über ökologischen Landbau

Auch diese Verordnung spricht von konkreten Maßnahmen zur Schädlingsprophylaxe und -bekämpfung selbst nicht. Schreibt aber vor, dass im ökologischen Landbau nur solche Pflanzenschutz- und Schädlingsbekämpfungsmittel eingesetzt werden dürfen, die in den Anhängen dieser Verordnung vorgegeben sind, womit vom Verordnungsgeber das Thema Schädlinge, Prophylaxe und Bekämpfung im ökologischen Landbau zumindest nicht in Frage gestellt ist.

7.3 Nationale Gesetze und Verordnungen

7.3.1 Lebensmittel-, Bedarfsgegenstände- und Futtermittelgesetzbuch (LFGB)

Auch hier äußert sich der Gesetzgeber zum Thema Schädlinge, Prophylaxe und Bekämpfung mehr oder weniger verhalten. Dennoch ganz unmissverständlich die Forderung, dass eine Kontamination von Lebensmitteln durch Pflanzenschutz- und/oder Schädlingsbekämpfungsmittel nicht zulässig ist. Darüber hinaus schreibt das Gesetz vor, dass auch die Kontamination von Bedarfsgegenständen mit Pflanzenschutz- und Schädlingsbekämpfungsmitteln nicht zulässig ist. Unter Bedarfsgegenständen versteht das Gesetz alle Materialien und Gegenstände, die dazu bestimmt sind, mit Lebensmitteln in Berührung zu kommen. Im landwirtschaftlichen Bereich können dieses zum Beispiel sein: ein Anhänger mit dem Getreide transportiert wird oder Produktions-, Abfüll- und Absackeinrichtungen.

7.3.2 Tierschutzgesetz (TSchG)

So paradox es auch klingen mag: Mäuse und Ratten fallen in Deutschland unter das TSchG, da sie zu den Wirbeltieren zählen. Das bedeutet, dass die Tiere beim Töten nicht gequält und nur unter Vermeidung von Schmerzen getötet werden dürfen. Die am Markt erhältlichen Mäuse- und Rattenbekämpfungsmittel erfüllen nach Angaben der Hersteller diese Forderung. Des Weiteren schreibt das TSchG vor, dass derjenige, der Wirbeltiere als Schädlinge bekämpfen will,

- der Erlaubnis der zuständigen Behörde bedarf und
- einen diesbezüglichen Sachkundenachweis zu erbringen hat.

Diese Forderungen stellt das TSchG ausschließlich nur an Schädlingsbekämpfungsbetriebe, die Wirbeltiere gewerbsmäßig als Schädlinge bekämpfen.

7.3.3 Infektionsschutzgesetz (IfSG)

Das IfSG ist eher ein Thema für Behörden auf Bundes-, Landes- oder kommunaler Ebene, Human- und Veterinärmediziner, Krankenhäuser sowie wissenschaftliche Einrichtungen und weniger für Landwirte. Im landwirtschaftlichen Bereich ist es ausreichend zu wissen, dass im Tierseuchenfall die gemäß § 18 IfSG gelisteten Schädlingsbekämpfungsmittel anzuwenden sind.

7.3.4 Schweinehaltungshygieneverordnung (SchHaltHygV)

Auch hier sucht man das Thema Schädlinge, Prophylaxe und Bekämpfung vergeblich, obwohl bekannt ist, dass beispielsweise Ratten, Mäuse, Schaben und Fliegen die Klassische Schweinepest oder die Maul- Klauenseuche übertragen können. Lediglich in Teilbereichen wird die Schadnagerbekämpfung angesprochen sowie eine ordnungsgemäße Schadnagerbekämpfung gefordert, wobei der Gesetzgeber offen lässt, was unter einer ordnungsgemäßen Schadnagerbekämpfung zu verstehen ist. Völlig unvorstellbar ist aus Autorensicht, dass das Thema Fliegen in einer solchen Verordnung nicht einmal im Ansatz angesprochen wird, obwohl ihre Vektorrolle auch bei Tierseuchen schon seit längerer Zeit nachgewiesen und bekannt ist.

7.3.5 Schweine-Salmonellen-Verordnung

Auch hier ist beim Thema Salmonellen nur die Rede von Schadnagern. Insekten und insbesondere Fliegen und Schaben als mögliche und prädestinierte Vektoren von Salmonella spp. werden völlig vernachlässigt. Aus Autorensicht absurd ist eine Vorgabe zur Schadnagerbekämpfung, die in jeweils frei werdenden Buchten durchzuführen ist. Hier war dem Verordnungsgeber offensichtlich nicht bekannt, dass Schadnager je nach Befallsintensität im gesamten Stall, in Scheunen, auf dem Hof selbst sowie im Umfeld des Hofes auftreten können und nicht nur die gerade frei gewordene Buchten besiedeln. Die Eindämmung von Salmonellen wird aus Autorensicht so jedenfalls nicht erreicht, dazu bedarf es eines ganzheitlichen Konzeptes.

Interessant in diesem Zusammenhang ist, dass ein größerer Fleisch verarbeitender Betrieb einen Leitfaden zur Salmonellenbekämpfung herausgegeben hat, der exakt die Punkte anspricht, die bei der Eindämmung von Salmonellen so ungeheuer wichtig sind, nämlich unter anderem die Fliegenbekämpfung.

7.3.6 Geflügelpest-Verordnung

Zum Thema Schädlinge, Prophylaxe und Bekämpfung schreibt die Geflügelpest-Verordnung nur vor, dass Besitzer mit einem Bestand von mehr als 100 Stück Geflügel sicherzustellen haben, das eine ordnungsgemäße Schadnagerbekämpfung durchgeführt wird. Im Prinzip gibt es hier die gleichen Mängel, Versäumnisse und Fehler wie in den zuvor abgehandelten Verordnungen.

7.4 Richtlinien, Empfehlungen und Leitlinien außerhalb des gesetzlichen Rahmens

Nicht immer sind Gesetze und Verordnungen dazu geeignet, um aus ihnen Handlungsanweisungen abzuleiten. Ergänzend zur Gesetzgebung können Richtlinien, Empfehlungen und Leitlinien von offiziellen Stellen genutzt werden wie Bundes- und Landesinstitute, Verbände und/oder Berufsgenossenschaften, die allerdings nur empfehlenden Charakter haben.

7.4.1 DIN 10523 Schädlingsbekämpfung im Lebensmittelbereich

Diese DIN wurde vom Deutschen Institut für Normung erstellt und ist aus Autorensicht für die professionell arbeitenden Mitarbeiter in der Schädlingsbekämpfung nur eine Sammlung von Definitionen. Für den Einsteiger oder für den Landwirt, der sein diesbezügliches Wissen vertiefen möchte, aber durchaus geeignet.

7.4.2 Bioland-Richtlinie zur Schädlingsbekämpfung

Diese Richtlinie ist für einen landwirtschaftlichen Betrieb, der nach Bioland-Richtlinien arbeitet und erzeugt, natürlich verpflichtend. Sie gibt detaillierte Vorgaben, wie das Thema Schädlinge, Prophylaxe und Bekämpfung sowie auch eine diesbezügliche Dokumentation in Bioland-Betrieben zu handhaben ist.

7.4.3 Hygienische Grundsätze für den Umgang mit Getreide

Diese Grundsätze wurden von verschiedenen Verbänden erarbeitet. Zum Thema Schädlinge, Prophylaxe und Bekämpfung findet man Hinweise, was bei der Lagerung von Getreide zu beachten ist.

7.4.4 Das HACCP-Konzept

Das HACCP-Konzept soll der größtmöglichen Vermeidung gesundheitlicher Gefahren dienen und enthält sieben Grundsätze:
Gefahrenanalyse,
kritische Kontrollpunkte,
Grenzwerte,
das System zur Überwachung,
die Korrekturmaßnahmen,
die Verifizierung und schließlich
die Dokumentation.
Hier sei festgehalten, dass dieses Konzept im Agrarbereich zumindest im Moment vom Gesetzgeber nicht gefordert wird. Wohl aber kann man die sieben Grundsätze des Konzeptes bei der Schädlingsprophylaxe und -bekämpfung nutzen, um diese Thematik systematischer und konzeptioneller angehen zu können. Einzelheiten dazu findet der interessierte Leser in Voigt, Schädlinge und ihre Kontrolle nach HACCP-Richtlinien (siehe Literaturverzeichnis).

7.4.5 Cross Compliance

Mit der Umsetzung der Reform zur Gemeinsamen Agrarpolitik der EU sind Direktzahlungen an Landwirte an die Einhaltungen anderweitiger Verpflichtungen (Cross Compliance) geknüpft. Seit 01.01.2006 sind die Mindestanforderungen bezüglich Direktzahlungen auf die Bereiche Pflanzenschutz, Lebensmittel- und Futtermittelsicherheit ausgedehnt worden. Damit sind indirekt auch die Belange zum Thema Schädlinge, Prophylaxe und Bekämpfung betroffen und bedürfen bei Inanspruchnahme von Direktzahlungen einer gesetzeskonformen Umsetzung.

Die Ausführungen zu verschiedenen in der Landwirtschaft wichtigen Gesetze und Verordnungen im Zusammenhang mit dem Thema Schädlingsbekämpfung ist hiermit nicht vollständig abgeschlossen. Weitere Ausführungen wurden an entsprechender Stelle in den einzelnen Kapiteln abgehandelt.

7.5 Testfragen

Frage 1
Welche Verordnung stellt für den landwirtschaftlichen Bereich beim Thema Schädlinge, Prophylaxe und Bekämpfung ein zentrales Regelwerk dar und was sind zu diesem Thema die wesentlichen Vorgaben?

Frage 2
Was ist das vorrangige Ziel der Verordnung (EG) Nr. 183/2005 über Futtermittelhygiene?

Frage 3
Warum stellt das Fehlen von Schädlingen in der Verordnung (EG) Nr. 2160/2003 über die Bekämpfung von Salmonellen und anderen Zoonoseerregern ein Versäumnis dar?

Frage 4
Nennen Sie mindestens drei nationale Gesetze oder Verordnungen, die sich mit dem Thema Schädlinge, Prophylaxe und Bekämpfung auseinander setzen?

Frage 5
Was fordert das Lebensmittel-, Bedarfsgegenstände und Futtermittelgesetzbuch ganz unmissverständlich?

Frage 6
Welche Bedeutung hat es, dass Mäuse und Ratten in Deutschland unter das Tierschutzgesetz fallen?

Frage 7
Welche Schädlingsbekämpfungsmittel dürfen in einem Tierseuchenfall nur zur Anwendung kommen?

Frage 8
Warum ist es ein Versäumnis, dass Fliegen und Schaben in der Schweine-Salmonellen-Verordnung nicht berücksichtigt wurden?

Frage 9
Ein Landwirt besitzt 98 Stück Geflügel. Hat er die Vorgaben der Geflügelpest-Verordnung zu beachten? Begründen Sie Ihre Antwort.

Frage 10
Was geben die hygienischen Grundsätze für den Umgang mit Getreide zum Thema Schädlinge, Prophylaxe und Bekämpfung vor?

■ Die Auflösungen der Testfragen sind in Kapitel 8 zu finden.

8 Auflösung der Testfragen

8.1 Auflösung Testfragen Kapitel 1

Antwort zu Frage 1
Schädlinge benötigen zum Leben Faktoren wie Nahrung, Temperatur, Feuchtigkeit und bestimmte Lichtverhältnisse. Diese vier Faktoren sind in landwirtschaftlichen Betrieben in vollem Umfang gegeben, womit Schädlinge in landwirtschaftlichen Betrieben ideale Lebensbedingungen finden und damit für Schädlinge ausgesprochen attraktiv sind.

Antwort zu Frage 2
Nein, die Dörrobstmotte kann heute nicht mehr als Nahrungsspezialist bezeichnet werden, da sie sich neben Dörrobst auch von anderen Produkten wie Getreide, Nüssen, Kakao, Brot, Gebäck und Saaten ernährt.

Antwort zu Frage 3
Zu den Allesfressern zählen Schaben, Fliegen und Ratten.

Antwort zu Frage 4
Insekten und Spinnentiere zählen zu den wechselwarmen Tieren, deren Aktivitäten nachhaltig von der Temperatur beeinflusst werden.

Antwort zu Frage 5
Ostafrika.

Antwort zu Frage 6
Jedes Insekt hat einen bestimmten Temperaturwert, bei dem hinsichtlich der Lebensaktivitäten optimale Voraussetzungen gegeben sind, was als Entwicklungsoptima bezeichnet wird, das beim Kornkäfer bei 25 °C liegt.

Antwort zu Frage 7
Nein, Mäuse benötigen bei ihrer Nahrung kein Wasser, solange die vorgefundene Nahrung einen Feuchtigkeitsgehalt von ca. 14 % enthält.

Antwort zu Frage 8
Fliegen, Wespen, Mäuse, Ratten.

Antwort zu Frage 9
Die passive Verschleppung ist die Ausbreitung von Schädlingen in neue Lebensräume mit Waren, Transportmitteln und/oder Verpackungen.

Antwort zu Frage 10
Weil Schadinsekten und Schadnager über die aktive Zuwanderung und/oder die passive Verschleppung immer eine Möglichkeit finden, in einen landwirtschaftlichen Betrieb zu gelangen.

8.2 Auflösung Testfragen Kapitel 2

Antwort zu Frage 1
Fliegen, Motten, Käfer, Schaben, Milben, Mäuse, Ratten.

Antwort zu Frage 2
Wanderratten, Hausmäuse und Feldmäuse.

Antwort zu Frage 3
Ratten.

Antwort zu Frage 4
Da Hausmäuse in ihren Revieren nur ein Männchen dulden, werden geschlechtsreife Jungtiere von dem anführenden Männchen aus dem Revier vertrieben, was sehr schnell zu einer explosionsartigen Ausbreitung innerhalb eines Objektes führen kann.

Antwort zu Frage 5
Stubenfliege, Fleischfliege, Goldfliege, Schmeißfliege, Glanzfliege, Taufliege.

Antwort zu Frage 6
Im Umfeld von Schweinen und Rindern.

Antwort zu Frage 7
Rote Vogelmilbe, Nordische Vogelmilbe.

Antwort zu Frage 8
Das Mikroklima der Stallhaltung mit wenig Licht, hoher Luftfeuchtigkeit und konstanter Wärme begünstigt Milben.

Antwort zu Frage 9
Die Bekämpfung von Zecken sollte in landwirtschaftlichen Betrieben keineswegs vernachlässigt werden. Erstens haben die klimatischen Bedingungen der letzten Jahre für eine massive Ausbreitung gesorgt und zweitens ist die Gefahr groß, dass Nutztiere von Zecken befallen werden, besonders bei der Weidehaltung. Hinzu kommt, dass Hund, Katze, aber auch Vögel, Ratten und Mäuse Zecken in den landwirtschaftlichen Betrieb einschleppen können.

Antwort zu Frage 10
Die heutigen landwirtschaftlichen Betriebe sind fast alle auf bestimmte Agrarsektoren spezialisiert. Dabei geht eine Spezialisierung mitunter so weit, dass z. B. in Milch-, Zucht- und Mastbetriebe unterschieden wird. Bei diesen spezialisierten Betrieben ist es dann möglich, eine Zuordnung von Schädlingen vorzunehmen, die in solchen Betrieben bevorzugt auftreten.

8.3 Auflösung Testfragen Kapitel 3

Antwort zu Frage 1
Das Auftreten von Schädlingen in Stallungen stellt für die Nutztiere einen Stressfaktor dar, auf den mit Unruhe reagiert wird.

Antwort zu Frage 2
Wenn im Futter befindliche Schädlinge mitgefressen werden, kann es z. B. zu Durchfallerkrankungen kommen. Haben sich durch die im Futter befindlichen Schädlinge schon Schimmelpilzgifte gebildet, kann es zu Krebserkrankungen sowie auch zu einer Schädigung des Zentralnervensystems, des Erbguts, der Leibesfrucht, der Leber und der Niere kommen.

Antwort zu Frage 3
Eine direkte Übertragung liegt immer dann vor, wenn der Schädling in direktem Kontakt zum Nutztier Krankheitserreger überträgt, wie das beispielsweise bei der durch Mücken verursachten Blauzungenkrankheit der Fall ist. Eine indirekte Übertragung liegt vor, wenn der Schädling Erreger beispielsweise auf Futtermittel verschleppt, das Nutztier davon frisst und anschließend erkrankt.

Antwort zu Frage 4
Fliegen, Schaben, Mäuse, Ratten.

Antwort zu Frage 5
Die Krankheit wird als Fliegenmadenkrankheit oder Myasis bezeichnet und durch Schmeiß-, Gold- und Fleischfliegenarten verursacht.

Antwort zu Frage 6
Verschiedene pathogene Keime können den Schabendarm nicht nur ungeschädigt passieren, sondern sich dort bestens vermehren. Dies führt zu einer erheblichen Steigerung der Infektionsgefahr.

Antwort zu Frage 7
Die Blauzungenkrankheit wird durch Gnitzen übertragen. Primär betroffen sind Schafe, Rinder und Ziegen. Eine relativ hohe Todesrate liegt bei Schafen vor.

Antwort zu Frage 8
Durch Vogelmilben kommt es zu Schäden am Federkleid, zu Durchfallerkrankungen und Blutarmut, was ein Nachlassen der Lege- und Mastleistung bedingt.

Antwort zu Frage 9
Zwar gelten Vögel nicht generell als Schädlinge, aber im Kot von Vögeln wie Tauben, Spatzen, Stare etc. wurden bisher über 40 Virusarten und 60 übertragbare Krankheitserreger, u. a. auch Salmonellen, nachgewiesen. Wildvögel, deren Nester und Kot sollten daher im landwirtschaftlichen Bereich stets mit Skepsis betrachtet werden.

Antwort zu Frage 10
Das primäre Gefährdungspotenzial von Schädlingen im Bereich pflanzlicher Erzeugnisse ist der Verlust durch Fraßschäden.

Antwort zu Frage 11
Unter quantitativem Verlust durch Fraßschäden versteht man die mengenmäßige Veränderung von Waren, die von Schädlingen befallen sind. Einerseits fressen die Schädlinge von den Waren, außerdem müssen Waren wegen schädlingsbedingter Verschmutzungen vernichtet werden.

Antwort zu Frage 12
Der tatsächliche Verlust von Haferflocken ist höher, da die Haferflocken bereits bearbeitet wurden, womit Arbeit und Kosten entstanden sind, während das Getreide noch nicht weiter verarbeitet wurde.

Antwort Frage 13
Kurzschluss, Brand.

Antwort Frage 14
Ein Sekundärschädling ist ein Schädling, der erst nach Auftreten eines Primärschädlings aktiv werden kann. Milben beispielsweise haben ein viel zu schwaches Mundwerkzeug, um ein intaktes Getreidekorn schädigen zu können. Sie sind auf Primärschädlinge angewiesen, um überhaupt auftreten zu können.

Antwort Frage 15
Die Schädlingsprophylaxe im Bereich pflanzlicher Erzeugnisse ist ein wirtschaftlicher Faktor, weil es kostengünstiger ist, die Vorräte vor Schädlingsbefall zu schützen anstatt die Kosten für Schädlingsbekämpfung und Warenverlust aufzubringen. Die Schädlingsprophylaxe hat im Nutztierbereich einen hohen Stellenwert, da viele Schädlinge Krankheitskeime übertragen können und damit Tiererkrankungen verursachen. Schädlingsprophylaxe im Nutztierbereich ist dadurch auch Seuchenprophylaxe.

8.4 Auflösung Testfragen Kapitel 4

Antwort Frage 1
Ordnung, Sauberkeit, Reinigung und Desinfektion.

Antwort Frage 2
Viele Insekten sind an Feuchtigkeit gebunden, Trockenheit führt bei Schädlingen wie Moderkäfern und Vorratsmilben zur Hemmung bzw. zur Unterbrechung der Lebenszyklen. Hinzu kommt, dass Trockenheit in Verbindung mit einer guten Luftzirkulation auch Schimmel verhindert und dadurch Schimmelfressern die Nahrung entzieht.

Antwort Frage 3
Ja, denn die Folge der mechanischen Umsetzung eines Misthaufens ist eine starke Hitzeentwicklung, die im Mist befindliche Larven und Puppen von Fliegen abtötet.

Antwort Frage 4
Kotspuren, Fraßspuren, Nagespuren.

Antwort Frage 5
Ratten- und Mäuseköderboxen, die mit Köderblöcken bestückt werden.

Antwort Frage 6
Die Prophylaxe gegenüber Fliegen erweist sich als schwierig, da die Nutztierhaltung den Fliegen extrem gute Lebensbedingungen bietet, Fliegen über ein enormes Vermehrungspotenzial verfügen.

Antwort Frage 7
Von Biotechnik im Zusammenhang mit Schädlingen spricht man immer dann, wenn man technische Maßnahmen gegen Schädlinge einsetzt, welche die Lebens- und Verhaltensweisen so nachhaltig beeinflussen, dass ein Weiterleben für den Schadorganismus nicht mehr möglich ist.

Antwort Frage 8
Gülle- oder Killerfliege, Schlupfwespe.

Antwort Frage 9
Insekten verfügen über chemische Duftsignale (Pheromone), die der Kommunikation dienen. In der professionellen Prophylaxe gegen Motten werden solche Sexualpheromone erfolgreich eingesetzt.

Antwort Frage 10
Diese Systeme werden als Schabenfallen bezeichnet, bei der die Schaben über einen attraktiven Lockstoff auf eine Klebefläche gelockt und dort festgehalten werden.

Antwort Frage 11
Schabenfallen können begleitend auch zur Mottenprophylaxe eingesetzt werden, da die Flüssigkeit im Leim für die Mottenfalter ebenfalls attraktiv ist.

Antwort Frage 12
Erstens gibt es in den landwirtschaftlichen Betrieben auch solche, die Tabak anbauen, zweitens ernährt sich der Tabakkäfer nicht mehr ausschließlich von Tabak und Tabakprodukten sondern auch von Getreide.

Antwort Frage 13
Brotkäfer, Getreidekapuziner, Getreideplattkäfer, Khaparkäfer, Reismehlkäfer, Tabakkäfer.

Antwort Frage 14
Hunde und Katzen können ohne Prophylaxe von Flöhen und Zecken befallen sein, die durch diese Haustiere in den Nutztierbestand verschleppt werden und damit den Gesundheitszustand des Viehbestandes gefährden können.

Antwort Frage 15
Bei dem Vorhandensein von zwei getrennten Stallungen, von denen einer nicht belegt ist, kann eine effiziente und nachhaltige Prophylaxe und Bekämpfung der Vogelmilben erfolgen, was mit nur einem Stall in der Regel zu Problemen führt.

8.5 Auflösung Testfragen Kapitel 5

Antwort Frage 1
Die integrierte Schädlingsbekämpfung ist definiert als eine für Ökologie und Ökonomie sinnvolle Kombination prophylaktischer, chemischer, physikalischer, biotechnischer und biologischer Maßnahmen.

Antwort zu Frage 2
Die Wirkungsweisen der Nervengifte reichen von einer Beeinträchtigung des Nervenflusses, über eine Blockierung des Informationsaustausches der Nerven, bis hin zu einer Blockierung des Stoffwechselaustausches der Nerven.

Antwort zu Frage 3
Naturpyrethrum, Pyrethroide, Phosphorsäureester, Carbamate, Chlorkohlenwasserstoffe, Nicotinoyle, Phenylpyrazole.

Antwort zu Frage 4
Der Wirkmechanismus von Antikoagulantien basiert auf einer Hemmung der Blutgerinnungsfähigkeit mit zusätzlicher Kapillarbrüchigkeit, womit ausgedehnte, innere Blutungen in den Organen sowie in der Unterhaut auftreten, was letztendlich zum Tode führt.

Antwort zu Frage 5
Erstens führen diese Boxen zu einer verbesserten Annahme der Köder, zweitens sind die toxischen Substanzen gegenüber Nichtzielorganismen geschützt.

Antwort zu Frage 6
Difenacoum, Brodifacoum, Bromadiolon, Flocoumafen, Difethialon.

Antwort zu Frage 7
Bei den physikalischen Maßnahmen werden in der Schädlingsbekämpfung mechanische Mittel eingesetzt, um Schädlingsbefall zu verhindern, Schädlinge in ihrer Entwicklung zu beeinträchtigen bzw. zu bekämpfen. Zu diesen Maßnahmen zählen u. a. Insektenschutzgitter, Schlagfallen, Lebendfallen sowie insektizide Wirkstoffe, die auf einer physikalischen Wirkung basieren.

Antwort zu Frage 8
Bei den biotechnischen Maßnahmen werden die biologischen Lebens- und Verhaltensweisen von Schädlingen genutzt und so nachhaltig gestört, dass ein Weiterleben für den Schadorganismus nicht möglich ist. Beispiele hierfür sind, Schaben- und Pheromonfallen, Ködertechnik, Heißluft- und Kälteverfahren, Larvizide und UV-Insektenfanglampen.

Antwort zu Frage 9
Ratten, Mäuse, Ameisen, Schaben, Fliegen, Silberfischchen und Heimchen.

Antwort zu Frage 10
Bei den biologischen Maßnahmen werden Nützlinge gegen Schädlinge einsetzt.

8.6 Auflösung Testfragen Kapitel 6

Antwort zu Frage 1
Verordnung (EG) Nr. 852/2004 über Lebensmittelhygiene und Verordnung (EG) Nr. 183/2005 über Futtermittelhygiene.

Antwort zu Frage 2
Nein, eine gesetzliche Vorgabe, wie die Dokumentation auszusehen hat, gibt es nicht.

Antwort zu Frage 3
Ja, Vorgaben zur Dokumentation sind zu finden in der Bioland-Richtlinie Schädlingsbekämpfung.

Antwort zu Frage 4
Eine Dokumentation muss so aufgebaut sein, dass ein Außenstehender nachvollziehen kann, was, wie, wo womit, wann, warum gegen welchen Schädling in Prophylaxe und Bekämpfung unternommen wurde.

Antwort zu Frage 5
Belegungsplan, Arbeitsprotokolle, Protokoll Schädlingsbekämpfung, Sicherheitsdatenblatt, Erste Hilfe-Maßnahmen, Notrufnummern von Giftzentralen/Haus- und Tierarzt.

Antwort zu Frage 6
Im Arbeitsprotokoll wird dokumentiert, wo, welche Fallen- und Ködersysteme gegen welchen Schädling installiert sind, welche Nummerierung diese aufweisen sowie das Kontrollergebnis der jeweiligen Inspektion.

Antwort zu Frage 7
Sicherheitsdatenblätter geben Auskunft zu chemischen, physikalischen und technischen Details über das jeweilige Schädlingsbekämpfungsmittel. Für den Arzt sind sie im Vergiftungsfall wichtig, da Sie auch Auskunft geben über Gegenmaßnahmen und Gegenmittel im Vergiftungsfall.

Antwort zu Frage 8
Nicht immer wird es möglich sein, einen Inspektionsbericht zu schematisieren oder nur mittels eines Symboles den jeweiligen Ist-Zustand in den Fallen- und Ködersystemen zu dokumentieren, sodass zusätzlich unter der Rubrik Maßnahmen/Bemerkungen ausführlichere Inspektionsberichte erstellt werden können.

Antwort zu Frage 9
Arbeitsprotokoll, Protokoll, Schädlingsbekämpfung und Sicherheitsdatenblatt.

Antwort zu Frage 10
Wesentlicher Vorteil solcher Dokumentationen ist, dass man gegenüber der zuständigen Behörde den Nachweis hat, seine Auflagen gemäß der Verordnung (EG) Nr. 852/2004 über Lebensmittelhygiene und weiterer Gesetze erfüllt zu haben. Auch im Tierseuchenfall ist es ein wichtiges Argument bei der Schädlingsprophylaxe in vollem Umfang tätig gewesen zu sein.

8.7 Auflösung Testfragen Kapitel 7

Antwort zu Frage 1
Die Verordnung (EG) Nr. 852/2004 über Lebensmittelhygiene ist im landwirtschaftlichen Bereich hinsichtlich der Thematik Schädling, Prophylaxe und Bekämpfung als ein zentrales Regelwerk zu betrachten. Diese Verordnung fordert, dass in landwirtschaftlichen Betrieben prophylaktische Maßnahmen gegenüber Schädlinge ergriffen werden. Bei Befall sind diese zudem fachlich korrekt zu bekämpfen. Ferner muss bei diesen Maßnahmen eine Kontamination durch Schädlingsbekämpfungsmittel bei Mensch, Nutztier und Umwelt ausgeschlossen sein.

Antwort zu Frage 2
Das Ziel dieser Verordnung ist sicherzustellen, dass Kontaminationen, die für die Futtermittel- und Lebensmittelsicherheit von Belang sind, vermieden werden.

Antwort zu Frage 3
Schädlinge sind immer wieder verantwortlich für die Ausbreitung von Salmonellen und anderen Zoonosen. Daher hätten nach Autorenauffassung in dieser Verordnung Schaben, Fliegen, Mäuse und Ratten Berücksichtigung finden müssen.

Antwort zu Frage 4
Drei der folgenden nationalen Gesetze und Verordnungen müssen benannt werden: LFGB, TSchG, IfSG, SchHaltHygV, Schweine Salmonellen-Verordnung oder Geflügelpest-Verordnung.

Antwort zu Frage 5
Das LFGB fordert ganz unmissverständlich, dass eine Kontamination von Lebensmitteln durch Pflanzenschutz- und/oder Schädlingsbekämpfungsmittel nicht zulässig ist.

Antwort zu Frage 6
Bedeutung hat dieses bei der Schädlingsbekämpfung deshalb, weil Mäuse und Ratten beim Töten nicht gequält bzw. nur unter Vermeidung von Schmerzen getötet werden dürfen.

Antwort zu Frage 7
In einem Tierseuchenfall dürfen nur die Schädlingsbekämpfungsmittel zur Anwendung kommen, die gemäß § 18 Infektionsschutzgesetz zugelassen sind.

Antwort zu Frage 8
Auch Fliegen und Schaben können neben Schadnagern Salmonellen übertragen. Insofern ist das Fehlen dieser Schädlinge in der Schweine-Salmonellen-Verordnung ein Versäumnis.

Antwort zu Frage 9
Nein, dieser Landwirt muss nicht die Vorgaben der Geflügelpest-Verordnung erfüllen. Begründung: Er besitzt nur 98 Stück Geflügel. Die Geflügelpest-Verordnung gilt erst ab 100 Stück Geflügel.

Antwort zu Frage 10
Die hygienischen Grundsätze für den Umgang mit Getreide geben beim Thema Schädlinge, Prophylaxe und Bekämpfung vor, was bei der Lagerung von Getreide zu beachten ist.

Literaturverzeichnis

ADLER, C. (1996): Befallsfrüherkennung mit Pheromonen. Der praktische Schädlingsbekämpfer 3, 19–22

AGOSTA, W. C. (1994): Dialog der Düfte – Chemische Kommunikation. Spektrum Akademischer Verlag, Heidelberg, Berlin, Oxford

BENZING, L. (2000): Der sachkundige Vorratsschützer. Agrimedia GmbH, Bergen/Dumme

BÖRNER, H. (1983): Pflanzenkrankheiten und Pflanzenschutz. Verlag Eugen Ulmer, Stuttgart

BÜCHEL, K. H. (1977): Pflanzenschutz und Schädlingsbekämpfung. Georg Thieme Verlag, Stuttgart

BUSCH, W., METHLING, W., AMSELGRUBER, W. M. (2004): Tiergesundheits- und Tierkrankheitslehre. Verlag Paul Parey, Stuttgart

BUSKE, M. (2000): Richtige Lagerung und schneller Verbrauch beugen vor. Der praktische Schädlingsbekämpfer 7, 24–27

ECKERT, J., FRIEDHOFF, KT., ZAHNER, H., DEPLAZES, P. (2005): Lehrbuch der Parasitologie für die Tiermedizin. Enke Verlag, Stuttgart

ENDEPOLS, S. (2008): Nachweis von Resistenz. Der praktische Schädlingsbekämpfer 4, 20–21

ENDEPOLS, S. (2007): Interaktive Rattenbekämpfung in der Landwirtschaft. Der praktische Schädlingsbekämpfer 9, 8–10

ENGELBRECHT, H., REICHMUTH, CH. (1997): Schädlinge und ihre Bekämpfung. Behr's Verlag, Hamburg

FELKE, M., KLEINLOGEL, B. (2006): Lebensweise und Bekämpfung wichtiger Vorratsschädlinge. Der Lebensmittelbrief 7, 142–147

FREISE, J. (2006): Schädlingsbekämpfung ist Teil der Stallhygiene. Rundschau für Fleischhygiene und Lebensmittelüberwachung 12, 315–317

FREISE, J. (2007): Bekämpfungsproblem Rote Vogelmilbe. Der praktische Schädlingsbekämpfer 7, 11–13

FRITZSCHE, R., KEILBACH, R. (1994): Die Pflanzen-, Vorrats- und Materialschädlinge Mitteleuropas. Gustav Fischer Verlag, Jena

GREIB, G. (2000): Vorratsschutz im Getreidelager. Der praktische Schädlingsbekämpfer 5, 12–17

HEIERMANN, J. M. (2008): Schwalbennester an Gebäuden. Pest Control News 6, 26–27

HEINZE, K. (1983): Leitfaden der Schädlingsbekämpfung, Band IV. Wissenschaftliche Verlagsgesellschaft mbH, Stuttgart

HIEPE, T., LUCIUS, R., GOTTSTEIN, B. (2006): Allgemeine Parasitologie. Parey Verlag, Stuttgart

Industrieverband Agrar (2000): Wirkstoffe in Pflanzenschutz- und Schädlingsbekämpfungsmitteln. BLV Verlagsgesellschaft, München

KAUS, V. (2004): Kodex Biozidrecht. Lexxion Verlagsgesellschaft mbH, Berlin

KRAUS, H., WEBER, A. (2004): Zoonosen. Deutscher Ärzteverlag, Köln

KRIEG, A., JOST, M. F. (1989): Lehrbuch der biologischen Schädlingsbekämpfung. Paul Parey Verlag, Berlin, Hamburg

Lebensmittelchemische Gesellschaft (2005): Schädlingsbekämpfung in der Lebensmittelproduktion. Behr's Verlag, Hamburg

MEHLHORN, H. UND B. (1990): Zecken, Milben, Fliegen, Schaben .... Springer Verlag, Berlin, Heidelberg, New York

MEHLHORN, H., PIEKARSKI, G. (2002): Grundriss der Parasitenkunde. Spektrum Akademischer Verlag, Heidelberg, Berlin

PITSCHKE, M. (2008): Schimmelpilze. Pest Control News 6, 22–25

PÖSCHKO, M. (1996): Falle auf Herz und Nieren geprüft. Der praktische Schädlingsbekämpfer 9, 24–28

POSPISCHIL, R. (1996): Die Deutsche Schabe. Der praktische Schädlingsbekämpfer 3, 11–13

POSPISCHIL, R. (1996): Die große Stubenfliege. Der praktische Schädlingsbekämpfer 4, 18–19

POSPISCHIL, R. (1996): Die Orientalische Schabe. Der praktische Schädlingsbekämpfer 2, 10–12

POSPISCHIL, R. (1996): Die Fruchtfliege. Der praktische Schädlingsbekämpfer 8, 4–5

POSPISCHIL, R., SELLENSCHLO, U. (2004): Steckbriefe der wichtigsten Lebensmittelschädlinge. Behr's Verlag, Hamburg

POSPISCHIL, R. (2004): Geltechnik gegen Schaben. Der praktische Schädlingsbekämpfer 04, 22–24

REICHMUTH, C. (1997): Vorratsschädlinge im Getreide. Verlag Th. Mann, Gelsenkirchen

ROLLE, M., MAYR, A. (2007): Medizinische Mikrobiologie, Infektions- und Seuchenlehre. Enke Verlag, Stuttgart

SCHADE, C., EISELE, T., PALBERG, N. (2003): Aktive Schädlingskontrolle. Behr's Verlag, Hamburg

SCHMUTTERER, H., HUBER, J. (2005): Natürliche Schädlingsbekämpfungsmittel. Eugen Ulmer Verlag, Stuttgart

SCHNIEDER, T. (2006): Veterinärmedizinische Parasitologie. Parey Verlag, Stuttgart

SELLENSCHLO, U., KOLLS, S. (1996): Ungeziefer verhindern und natürlich bekämpfen. Südwest Verlag, München

STEIN, W. (1986): Vorratsschädlinge und Hausungeziefer. Verlag Eugen Ulmer, Stuttgart

STEINBRINK, H. (1989): Gesundheitsschädlinge. VEB Johann Ambrosius Barth, Leipzig

TALLAFUS, O. (1996): Bekämpfung mit arktischer Kälte. Der praktische Schädlingsbekämpfer 9, 29–31

VOIGT, T. F. (1995): Haus- und Hygieneschädlinge. Govi Verlag, Frankfurt am Main /Eschborn

VOIGT, T. F. (1997): Schädlinge und Keime im Umfeld von Haustauben. Pharmazeutische Zeitung 8, 44–53

VOIGT, T. F. (2000): Lockruf des Duftes. Lebensmitteltechnik 7, 68–70

VOIGT, T. F. (2003): Schädlingsbekämpfung. Hygiene Report 3, 11–13

VOIGT, T. F. (2003): Schaben – Überträger gefährlicher Krankheiten. Hygiene und Medizin 10, 392–398

VOIGT, T. F. (2005): Schädlingsbekämpfung und neue Gefahrstoff-Verordnung. Deutsche Molkerei Zeitung 17, 25–27

VOIGT, T. F. (2006): Schädlinge und ihre Kontrolle nach HACCP-Richtlinien. Behr's Verlag, Hamburg

VOIGT, T. F. (2006): Vögel und Lebensmittelbetriebe. Mühle + Mischfutter 18, 597–598

VOIGT, T. F. (2006): Schädlinge, Prophylaxe und Bekämpfung. Hygiene Report 1, 32–34

VOIGT, T. F. (2007): Insekten-Prophylaxe in Mühlen und Mischfutterbetrieben. Mühle + Mischfutter 4, 112–114

VOIGT, T. F.. (2007): Schädlingsprophylaxe ist Seuchenprophylaxe. Rundschau für Fleischhygiene und Lebensmittelüberwachung 11, 429–432

WEIDNER, H., SELLENSCHLO, U. (2003): Vorratsschädlinge und Hausungeziefer. Spektrum Akademischer Verlag, Heidelberg, Berlin

WINKLER, U. (2008): Kanalratten. Pest Control News 2, 6–7

Bildquellen

Bayer Vital GmbH, Leverkusen: Abb. 12, 16
Borgwaldt Flavor GmbH, Hamburg: Abb. 44
FrigorTec GmbH, Amtszell: Abb. 45
Ganter, TiHo-Hannover: Abb. 12
Novartis Tiergesundheit GmbH, München: Abb. 17
Pospischil, C.C., Bergheim: Abb. 1–11, 13–15, 18, 22–26
Waldhäusl/Arco Images/Braun: Abb. 19
Winkelmann, Abb. 28a
Woernle, H., S. Jodas, Stuttgart: Abb. 27, 28b

Alle anderen Abbildungen stammen vom Autor.

Stichwortverzeichnis

Titelfoto: Rainer Pospischil, Leverkusen

Die in diesem Buch enthaltenen Empfehlungen und Angaben sind vom Autor mit größter Sorgfalt zusammengestellt und geprüft worden. Eine Garantie für die Richtigkeit der Angaben kann aber nicht gegeben werden. Autor und Verlag übernehmen keinerlei Haftung für Schäden und Unfälle.

Bibliografische Information der Deutschen Nationalbibliothek
Die Deutsche Nationalbibliothek verzeichnet diese Publikation in der Deutschen Nationalbibliografie; detaillierte bibliografische Daten sind im Internet über http://dnb.d-nb.de abrufbar.

Wollgrasweg 41, 70599 Stuttgart (Hohenheim)
E-Mail: info@ulmer.de
Internet: www.ulmer.de
Lektorat: Werner Baumeister
Umschlagentwurf: Atelier Reichert, Stuttgart
Satz: Typomedia, Ostfildern
Druck und Bindung: Friedrich Pustet, Regensburg
Printed in Germany

ISBN 978-3-8001-5789-1